CHRISTIANE BEULEN
SYLKE KRIWACZEK

NAPF — IDEEN

FUTTERERGÄNZUNGEN FÜR EIN GESUNDES HUNDELEBEN

KOSMOS

INHALT

Zu diesem Buch

Hallöchen und willkommen in der bunten und gesunden Welt der Napf-Toppings! Wir, Christiane und Sylke, arbeiten seit mehreren Jahren hauptberuflich als Ernährungsberaterinnen für Hunde.

In unserem Alltag legen wir den Fokus vor allem auf selbst gemachtes Futter. In diesem Buch möchten wir jedoch den Schwerpunkt weg von dem Hauptbestandteil des Napfes hin zu etwas lenken, was nicht weniger wichtig ist als das eigentliche Futter: die Napf-Toppings. Unter diesem Begriff fassen wir Futterergänzungen, Zusätze und Zugaben zum Futter zusammen, die nicht vordringlich der Nährstoffversorgung dienen, sondern gefüttert werden, um die Ernährung abwechslungsreicher und gesünder zu machen oder um deinen Hund bei gesundheitlichen Problematiken zu unterstützen. Wir zeigen dir Optionen und Möglichkeiten, wie jede Fütterung über die Zugabe von Napf-Toppings aufgewertet werden oder präventiv zur Gesunderhaltung beitragen kann. Wir möchten, dass das „Pimpen des Hundenapfes“ Teil eines jeden Hundehaushaltes wird, Spaß macht und deinen Blick auf das, was on top in den Napf darf, schärft.
Diese Gedanken und Hinweise sollten dich beim Lesen des Buches begleiten:

– Allgemeine Hinweise zur Zubereitung und Verwendung haben wir zu Beginn in Kapitel 1 erklärt. Schlage dort nach.
– Alle Mengenangaben beziehen sich auf ein Hundegewicht von 10 kg und sind pro Tag zu verstehen. Wir sprechen Empfehlungen auf Basis der aktuellen Erkenntnisse aus. Beim Einsatz von Futterergänzungen gibt es derzeit viele Entwicklungen in der Forschung, sodass sich Empfehlungen im Laufe der Zeit verändern können. Zu einigen Napf-Toppings existieren aktuell keine wissenschaftlichen Studien am Hund, sodass wir hier auf „unsere“ Erfahrungen zurückgreifen und uns bei den Mengenangaben immer wieder auch am Humanbereich orientieren müssen.
– Nicht jeder Hund verträgt alle Napf-Toppings. Du kennst die Schwachstellen deines Hundes am besten und kannst gut einschätzen, ob Futterergänzungen genutzt werden können. Ist das nicht der Fall: versuche eine Alternative. Hast du einen sensiblen Hund, teste Neues immer nach und nach. Wir verweisen nicht bei jedem Produkt erneut auf mögliche Unverträglichkeiten, denn potenziell kann jede vorgestellte Idee von einem Hund nicht vertragen werden.
– Einige Napf-Toppings begegnen dir im Buch immer wieder, da es verschiedene Einsatzgebiete

Wir nehmen dich mit in die Welt der Napf-Toppings.

gibt. Wenn du ein spezielles Napf-Topping suchst, schlägst du am besten im Stichwortverzeichnis nach, das du im Serviceteil findest.

– Wir nennen einige Bezugsquellen von Futterergänzungen und haben eine Auflistung von möglichen Herstellern erstellt. Auf diese bist du nicht begrenzt und kannst ebenso andere Produkte verwenden. Du bekommst von uns Merkmale genannt, wie du hochwertige Produkte erkennst.

– Hat dein Hund Erkrankungen oder konkrete Probleme? Dann ist immer der Rat von ExpertInnen einzuholen. Das gilt vor allem, wenn dein Hund bereits Medikamente oder therapeutische Zusätze erhält. Hier ist es wichtig, sich über mögliche Wechselwirkungen zu informieren. Besondere Vorsicht ist geboten, wenn dein Hund Medikamente erhält, die nur eine geringe therapeutische Breite haben, wie Medikamente bei Herzerkrankungen, zur Immunsystemunterdrückung, in der Krebstherapie, bei Epilepsie, Gerinnungshemmer, Schmerzmittel usw. Wechselwirkungen mit Napf-Toppings können dann schneller zu Unter- oder Überdosierungen führen, die ernsthafte Folgen nach sich ziehen können.

– Bei Erkrankungen führen Napf-Toppings allein oftmals nicht zu einer Verbesserung, können aber die tiermedizinische Therapie begleiten. Besprich dies im Einzelfall mit deiner Tierarztpraxis und kontaktiere sie ebenfalls, wenn sich die Symptome nicht verbessern.

Wir haben dir in diesem Buch nicht nur unzählige Napf-Ideen und Anregungen zusammengetragen, sondern sie auch an das Hundeleben angepasst: vom Welpenalter bis zum Hundesenior. Das Buch begleitet dich hoffentlich ein ganzes Hundeleben lang und hilft, dass dein Hund gesund bleibt. Wir stellen dir darüber hinaus Krankheiten vor, die während eines Hundelebens vorkommen können, und welche Napf-Ideen hierzu passen. Unsere Empfehlungen setzen immer voraus, dass andere Erkrankungen ausgeschlossen sind bzw. die Diagnose korrekt gestellt wurde. Am Ende wirst du dich bei der Frage sicherer fühlen: Was darf wann und in welcher Menge on top in den Hundenapf? Wir wünschen uns, mit diesem Buch dazu beitragen zu können, für etwas mehr Klarheit im Topping-Dschungel zu sorgen.

Christiane & Sylke

GRUNDLAGEN DER NAPF-PIMPEREI

KRÄUTER ZUSAMMEN FINDEN!

Ob mit dem eigenen Hund oder Freunden: Wilde Kräuter bieten viel Potenzial für gemeinsamen Entdeckersinn.

Warum den Napf pimpen?

Auf diese Frage kann es ganz unterschiedliche Antworten geben. Neben gesundheitlichen Gründen, bei denen der Einsatz von gezielten Futterergänzungen wichtig ist, stehen beim „Napf-Pimpen" auch Gesundheitsvorsorge, Nachhaltigkeit und die Steigerung der Futterattraktivität im Fokus.

Nicht zu vergessen: Hundefutter beispielsweise mit etwas Selbstgepflücktem von Wald und Wiese oder einem Stück des Lieblingskäses zu verfeinern, macht Spaß und kann Ausdruck von Zuneigung sein. Mitunter kann das gemeinsame Entdecken und Sammeln von Wildkräutern mit unseren Hunden den Entdeckergeist fördern. Das Kochen einer leckeren Knochenbrühe fördert einerseits einen nachhaltigen Umgang mit Nahrungsmitteln (Knochen sind für die menschliche Ernährung weniger interessant) und schmeckt den Hunden andererseits so gut, dass viele Mäkelhunde plötzlich ihr Futter lieben. Nebenbei stärkt das enthaltene Kollagen das Bindegewebe und die Gelenke. Die Toppings sollen einfach Spaß und Abwechslung im Napf bringen. Das Pimpen des Hundefutters kann daher aus verschiedenen Motivationen heraus erfolgen und meistens ist es nicht nur ein Grund, der uns dazu bewegt, über Napf-Toppings nachzudenken. Unsere Anregungen sind darüber hinaus unabhängig davon, was du deinem Hund fütterst.

DREI PIMP-REGELN

– **Verträglichkeit** Dein Hund sollte alles ausnahmslos gut vertragen. Das bedeutet, dass es weder zu Juckreiz noch zu Verdauungsproblemen oder zu Unwohlsein führt, wenn du den Hundenapf mit Zusätzen ergänzt. Allergien und Unverträglichkeiten machen leider auch vor gut gemeinten Napf-Toppings keinen Halt.

– **Gewicht** Sollte die Gabe von zusätzlichen Futterbestandteilen zur Gewichtszunahme führen, verwende sie lieber nicht weiter. Die eigentliche Futtermenge sollte nicht reduziert werden, denn über das Futter wird dein Hund mit allen wichtigen Nährstoffen versorgt, die er benötigt.

– **Qualität** Transparente Deklarationen sind das A und O. Achte unbedingt darauf, dass bei Futterergänzungen genau aufgeführt wird, was in welcher Menge enthalten ist. Nur so kannst du die Qualität beurteilen und deinem Hund somit auch wirklich etwas Gutes tun.

INFO

Napf-Toppings, so wie wir sie verstehen, dienen allerdings nicht der Versorgung mit Nährstoffen. Diese sollten über das Hauptfutter bereits abgedeckt sein.

DIE AUSWAHL DES RICHTIGEN NAPFES

Bevor wir über das Pimpen von Hundefutter sprechen, werfen wir zunächst einen Blick auf die Auswahl des richtigen Napfs.

– **Material** Nutze Keramik (mit Versiegelung), Glas oder einen nachwachsenden Rohstoff wie z. B. Bambus. Von Metallnäpfen raten wir ab, da Hunde auf Legierungen mit Kontaktallergien reagieren können. Bei Plastiknäpfen können sich durch häufiges Abwaschen Mikroplastikpartikel lösen, die dann durch das Ausschlecken aufgenommen werden.

– **Gewicht** Der Napf sollte standfest sein und sich nicht beim Fressen durch die Gegend schieben lassen. Das sorgt für Ruhe beim Fressen.

– **Größe** Wähle ihn lieber etwas zu groß als zu klein, sodass die Hundeschnauze genügend Platz hat, um den Napfinhalt zu erkunden.

– **Napferhöhung** Vor allem bei größeren Hunden wird das Abschlucken von Futter erleichtert und die Wirbelsäule entlastet. Die richtige Höhe ist dann erreicht, wenn der obere Napfrand auf einer Linie mit dem Brustbein ist.

– **Hygiene** Der Napf sollte nicht offenporig sein, damit er leicht zu reinigen ist und sich keine Keime festsetzen können.

– **Besondere Anforderung** Je nach Hund ist ein „Spezialnapf" sinnvoll, wie beispielsweise ein Napf für Hunde mit langen Ohren. Nutzt du einen Anti-Schling-Napf? Es kann sein, dass dein Hund dann mehr Luft abschluckt und rülpsen muss.

NAPF-TOPPINGS: DANN LIEBER NICHT

Die Bandbreite der Napf-Toppings ist schier unendlich. Dabei steht die Verträglichkeit jedes einzelnen Produktes immer an erster Stelle. Treten mit der Fütterung der Toppings plötzlich Symptome oder Wehwehchen auf, die dein Hund vorher nicht gezeigt hat? Dann ist es besser, wenn nötig, eine Alternative zu finden. Das kann bei einem konkreten gesundheitlichen Problem der Fall sein. Zudem gibt es Napf-Ideen, die sich gegenseitig beeinflussen: Alles, was bindende Eigenschaften hat (beispielsweise Sobamin oder Flohsamenschalen), sollte immer zeitversetzt mit solchen Produkten genutzt werden, die einen gewissen Wirkstoffspiegel im Blut erreichen müssen. Das gilt vor allem für Medikamente. Entsprechende Hinweise findest du bei den jeweiligen Futterergänzungen im Buch. Wenn dein Hund Medikamente erhält oder eine chronische Erkrankung hat, sprich die Zugabe von Ergänzungen immer mit der Tierarztpraxis ab. Gleiches gilt bei Hunden mit Allergien oder Unverträglichkeiten.

Ein weiterer und ebenso wichtiger Punkt: Wer sich bei der Nutzung von einzelnen Toppings nicht wohlfühlt, darf hierauf verzichten. Wenn der eigene Lebensstil vegan/vegetarisch ist und der Wunsch nach tierischen Bestandteilen im Hundenapf eher gering ist, sind einige der Napf-Ideen weniger sinnvoll, oder auch, wenn finanzielle Gründe die Fütterung nicht zulassen. Das Buch bietet viele Optionen, sodass für jeden Hund, jeden Menschen und jeden Geldbeutel etwas dabei ist.

TOPPING-TIPP

Sollte dein Hund besonders mäkelig mit seinem Futter sein, kann es helfen, den Napf auszutauschen. Einige Hunde haben hier spezielle Vorlieben.

Die Auswahl an Napf-Toppings ist bunt und vielfältig.

RECHTLICHE EINORDNUNG

Um dem Hund mit den Napf-Toppings etwas Gutes zu tun, sind nicht nur die Auswahl und der wohldosierte Einsatz wichtig, sondern auch die Qualität der Zusätze.
Rechtliche Grundlage für Futterergänzungen ist das Lebensmittel- und Futtermittelgesetzbuch (LFGB), das seit 2005 gültig ist. Durch verschiedene Skandale wurde eine Vereinheitlichung mit dem Lebensmittelgesetzbuch geschaffen. In Abschnitt 3 werden die Futtermittel thematisiert. Hier ist besonders der Paragraf 2 hervorzuheben. Dieser besagt, dass nicht mit der Beseitigung oder der Linderung von Krankheiten geworben werden darf. Ein solches Verbot hat den Hintergrund, dass es sich bei Futterergänzungen für Tiere um Lebensmittel und nicht um Arzneimittel handelt. In einem eng geregelten Rahmen sind jedoch Aussagen mit Gesundheitsbezug zulässig. Dies wird in der Verordnung über Health Claims seitens der Europäischen Union festgeschrieben (Verordnung (EG) NR. 1924/2006 über nährwert- und gesundheitsbezogene Angaben über Lebensmittel). Aufgrund der Einordnung von Futterergänzungen als Lebensmittel sind keine Angaben des Herstellers zum Thema Wechselwirkungen mit Medikamenten oder Gegenanzeigen nötig. Um in den Verkauf zu kommen, sind vonseiten der Hersteller auch keine umfangreichen Tests oder Prüfungen nötig, ob das Futtermittel für den Hund sicher oder sinnvoll ist. Der Bereich der Futterergänzungen ist damit wenig reguliert und es finden sich teilweise Produkte, die gesundheitlich problematisch werden können. Es obliegt daher dir, dich mit den Ergänzungen auseinanderzusetzen und zu erkennen, in welchen Fällen sie für deinen Hund ungeeignet sind. Das Buch bietet dir Anregungen dazu.

Das Tierarzneimittelgesetz (TAMG, Gesetz über den Verkehr mit Tierarzneimitteln und zur Durchführung unionsrechtlicher Vorschriften betreffend Tierarzneimittel) legt Vorschriften und Bestimmungen dar, die Arzneimittel für Tiere betreffen. Solche Arzneimittel dienen dazu, Krankheiten zu heilen, und obliegen daher dem Zuständigkeitsbereich der Veterinärmedizin. Die Napf-Toppings sind hiervon abzugrenzen und unterliegen nicht dem Tierarzneimittelgesetz.

QUALITÄTSMERKMALE

Angesichts der großen Menge an Produkten, die auf den Markt drängen, fehlt es derzeit an einer regelmäßigen Überwachung. Du musst dich daher auf die Angaben des Herstellers verlassen. Nicht nur in Bezug auf die Wirkung, sondern auch bei der Qualität: In diesem Bereich gibt es aktuell keine gesetzlich vorgeschriebenen Prüfungen, beispielsweise in Bezug auf die Schadstoffbelastung, Rückstände von Pflanzenschutzmitteln, Belastungen mit krank machenden Bakterien wie Salmonellen oder Listerien. Auch krebserregende Inhaltsstoffe sind unter anderem in Futterergänzungen minderer Qualität zu finden. Einige Hersteller führen Untersuchungen auf Schadstoffe etc. auf freiwilliger Basis durch. Wir empfehlen dir Folgendes:

– Kaufe möglichst bei Herstellern, die ihre Produkte auf Rückstände von Schadstoffen und Schwermetallen untersuchen lassen. Seriöse Anbieter haben kein Problem damit, solche Analysen zu veröffentlichen oder auf Wunsch vorzuzeigen. Frag nach!
– Verzichte auf Produkte aus dubiosen (Internet-)Quellen. Auch der Preis kann hier ein gutes Kriterium sein: Wenn das Futterergänzungsmittel zu preiswert erscheint – Finger weg!
– Die Verbraucherzentrale veröffentlicht regelmäßige Warnungen und Produktrückrufe. Dort kannst du dich über Futterergänzungen informieren, die im Napf landen sollen.
– Nutze möglichst Einzelergänzungen. So verringert sich die Gefahr, dass Hersteller unnötige Füllstoffe beifügen, die wiederum Allergien auslösen können.

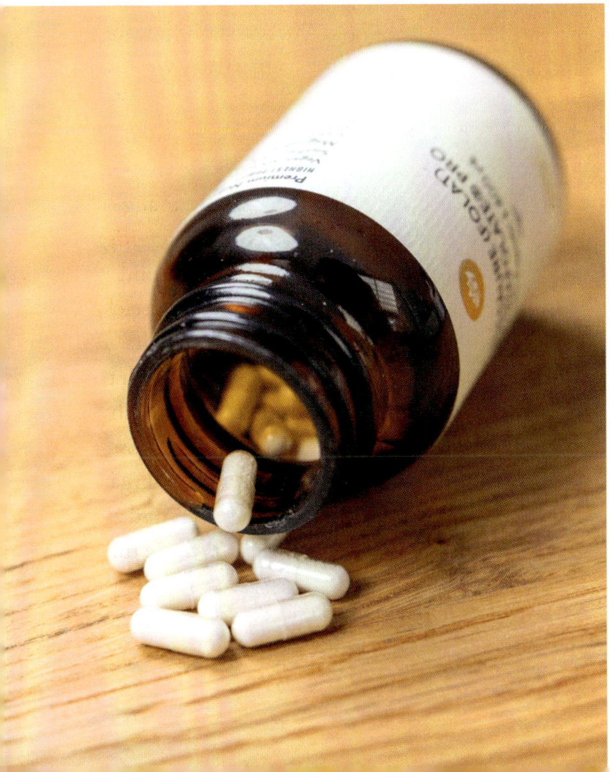

Kapselhüllen aus Cellulose sind gut verträglich.

Arten von Napf-Toppings

Es ist gar keine einfache Aufgabe, die vielen Optionen an Futterergänzungen, Toppings und Zusätzen zu gliedern. Neben dem Becher Quark aus dem Supermarkt gehören hierzu auch Vitalpilzextrakte oder Tropfen einer Kräutertinktur.

Topping-Tipp
Vorsicht bei Presslingen. Hier sind oft viele Füll- und Klebstoffe enthalten, die sensible Hunde nicht vertragen.

Das bedeutet: Es gibt Toppings, die einfach Spaß machen und deren Menge nicht genau berechnet werden muss, und solche, die gesundheitlich unterstützen und korrekt berechnet sein sollten. Blicken wir zunächst auf die verschiedenen Darreichungsformen, die es gibt:

– Tabletten und Kapseln (in gepresster Form oder mit einer Kapselhülle)
– Getrocknetes und Pulver (u. a. lose Kräuter und Zusätze in Pulverform)
– Flüssigkeiten (hierzu zählen u. a. Öle, Tropfen, Tees, Tinkturen, Säfte)

Auch eine Unterteilung nach Inhaltsstoffen ist möglich, wie zum Beispiel:

– Vitamine: Hagebuttenpulver (Vitamin C), Bierhefe (B-Vitamine)
– Mineralstoffe: Blutmehl (Eisen), Zusätze mit Zink oder Selen
– Proteine/Aminosäuren: Eier, Molkereiprodukte, Ergänzungen von Aminosäuren wie Taurin
– Fettsäuren: Öle wie Lachs- oder Hanföl, MCT-Öl, Kokosöl
– Pflanzenextrakte: Kräutertinkturen, Präparate der Gemmotherapie, Hydrolate, Frischpflanzensäfte
– Vitalpilze: Cordyceps, Hericium
– Sekundäre Pflanzenstoffe: Bitterstoffe, Schleimstoffe etc.

Aus diesen naturheilkundlichen Bereichen werden dir Napf-Toppings immer wieder begegnen:
Neben den Heilpflanzen, die im Rahmen der Phytotherapie genutzt werden und einen therapeutischen Effekt haben können, gibt es Wild- bzw. Küchenkräuter, die zwar gesundheitlich wertvoll sind, mit denen aber kein konkretes gesundheitliches Ziel verfolgt wird. Sie dienen vor allem der allgemeinen Stärkung der hündischen Gesundheit und der Versorgung mit sekundären Pflanzenstoffen.

Pulver oder Pressling? Die Auswahl ist auch abhängig von der Dosierbarkeit und der Akzeptanz.

Phytotherapie	Hierbei handelt es sich um einen naturheilkundlichen Ansatz, der bei Befindungsstörungen, Erkrankungen und auch zur Gesunderhaltung zum Einsatz kommt. Es werden Pflanzenteile oder -extrakte genutzt und Verwendung finden Blätter, Blüten, Früchte, Samen, Wurzeln und Rinden. Möglich ist der Einsatz in Form von frischen oder getrockneten Pflanzenteilen, Tees, Tinkturen, Ölen usw. Die eingesetzten Pflanzen werden als Heilpflanzen bezeichnet. Die Phytotherapie basiert auf Pflanzenstoffen, die biologisch aktiv sind und in jeder Pflanze in unterschiedlicher Art und Menge vorkommen.
Gemmotherapie	Es handelt sich um eine Form der Phytotherapie, bei der junge Knospen und Triebe von Sträuchern und Bäumen verwendet werden. In den Knospen stecken die kompletten Informationen einer jeweiligen Pflanze, sodass ihnen eine hohe Menge an pflanzlichen Wachstumshormonen und sekundären Pflanzenstoffen zugesprochen wird, die gesundheitlich vorteilhaft sein können. Gemmo-Präparate werden in der Regel in Form von Tropfen oder Sprays verabreicht.
Aromatherapie	Als Teilbereich der Phytotherapie werden bei der Aromatherapie ätherische Öle und weitere aromatische Verbindungen aus Pflanzen genutzt (z. B. wässrige Auszüge in Form von Hydrolaten). Ätherische Öle spielen als Napf-Topping keine Rolle, da es nur ganz wenige Fälle gibt, bei denen eine innerliche Anwendung erfolgen sollte. Möglich ist es aber, Hydrolate zu verfüttern.
Mykotherapie	Bei der Mykotherapie werden getrocknete Pilze oder Extrakte aus Pilzen eingesetzt, um den Hund zu unterstützen. Solche Pilze werden als Vitalpilze bezeichnet. Dieser naturheilkundliche Ansatz hat seinen Ursprung in der asiatischen Volksmedizin.

TOPPING-TIPP

Schüttele das Glas gut, bevor du die Napf-Toppings zum Futter gibst. Es ist dabei nicht schlimm, wenn heute etwas mehr und morgen etwas weniger im Napf landet. Über die Woche gesehen, gleicht sich das aus.

Werkzeuge, Zubereitung und Lagerung

Der richtige Umgang mit den Zusätzen kann großen Einfluss auf deren Effektivität haben. Vor allem bei Kräutern sind richtige Verarbeitung und Lagerung sehr wichtig.

WERKZEUGE

Eine große Auswahl an verschiedenen „Werkzeugen" ist nicht nötig:

- Fein- oder Löffelwaage: Diese misst auch sehr kleine Mengen an Pulver ab.
- Glaspipette/Pumpspender: Praktisch, um Öle und weitere flüssige Zusätze zu dosieren.
- Mörser: um Nüsse und Kerne zu zerkleinern. Auch eine Kaffeemühle kann hilfreich sein.
- Papiertüten: Hierin können getrocknete Pflanzenteile im Ganzen gelagert werden.
- Standmixer/Pürierstab: zum Verarbeiten von Obst und Gemüse.

DAS ZUSÄTZEGLAS

Die einfachste Art, deinem Hund pulvrige Futterergänzungen in der entsprechenden Menge zukommen zu lassen, ist das Zusätzeglas. Mit diesem ersparst du dir das lästige tägliche grammgenaue Abwiegen von Zusätzen. Du kannst ein Glas deiner Wahl verwenden und es für einen Zeitraum von einer Woche mit all den Toppings füllen, die

- nicht therapeutischer Art sind und nicht zu bestimmten Zeiten in exakter Menge genutzt werden müssen und
- die trocken bzw. getrocknet sind (Kräuter, Pulver, gemörserte Tabletten).

ZUBEREITUNG VON VERSCHIEDENEN ZUSÄTZEN

Die Nährstoffe aus dem Futter kann dein Hund ohne deine Hilfe aufnehmen. Bei Futterergänzungen sieht das zum Teil etwas anders aus. Das Beispiel Obst und Gemüse verdeutlicht die Problematik: Damit die enthaltenen sekundären Pflanzenstoffe genutzt werden können, müssen die Pflanzenzellen über Hitze oder Mechanik (Mixer) aufgeschlossen werden. Folgende Übersicht hilft dir bei der Anwendung von Napf-Toppings:

Eine Grundausstattung an Zubehör gehört zum Napf-Pimpen dazu.

Topping	Zubereitungsoptionen	Info
Gemüse/Obst	dünsten pürieren	Durch Hitze können die Pflanzenzellen aufgespaltet werden
(Pseudo-)Getreide	kochen gepuffte Produkte nutzen Flocken mit warmem Wasser einweichen	immer verarbeitet nutzen
Kräuter als Heilkräuter (frisch oder getrocknet)	sehr fein schneiden mörsern als Tee pürieren	beachte die benötigten Mengen, wenn ein konkreter gesundheitlicher Nutzen erreicht werden soll
Wilde oder Küchenkräuter	sehr fein schneiden mörsern als Tee pürieren	nur bekannte Wildkräuter pflücken an Orten, die nicht verunreinigt sind (gespritztes Feld, Gassiwege etc.)
Nüsse, Kerne, Samen	mahlen pürieren	giftige Arten meiden, wie beispielsweise Macadamianuss
Samen, Schalen	mit Wasser anrühren	beispielsweise Flohsamenschalen, Leinsamen

Topping-Tipp

Ein Tee kann für 1 bis 2 Tage vorbereitet werden. Die enthaltenen Teekräuter dürfen im Napf landen, wenn wir nichts anderes angeben. Das ist aber kein Muss. Teebeutel zum Selbstbefüllen oder ein Teeei können hilfreich sein, wenn die Kräuter nicht gefüttert werden sollen.

Zubereitung von Tee

Wir empfehlen bei einigen Napf-Toppings die Verwendung in Form von Tee (Aufguss). Diese Art der Zubereitung eignet sich vor allem für Kräuter und löst die gewünschten Pflanzenstoffe optimal heraus. Dabei kannst du sogar zusehen, denn die Pflanzen geben ihre wertvollen Inhaltsstoffe an das heiße Wasser ab, wodurch dieses sich oftmals intensiv verfärbt. Der Aufwand, einen heißen Aufguss herzustellen, ist etwas höher, da du Kräuter abwiegen, Wasser kochen und den Tee abkühlen lassen musst. Für Teekräuter empfehlen wir Folgendes: Kaufe die Kräuter am besten in Form von kompletten Blättern, Blüten usw.

und zerkleinere sie (beispielsweise mörsern) erst bei Gebrauch, denn in größeren Teilen ist der Gehalt an sekundären Pflanzenstoffen höher als in zerkleinerten Kräutern. Gib die Kräuter in eine Tasse, übergieße sie mit heißem bzw. kochendem Wasser und lasse den Tee zugedeckt ziehen. Andernfalls können flüchtige Pflanzenstoffe über den Wasserdampf entweichen. Wenn nichts anderes angegeben ist, kannst du den Tee 15 bis 20 Minuten ziehen lassen.

LAGERUNG

Das sollte in den Kühlschrank Darmbakterien, Fermentiertes, Molkereiprodukte, geöffnete Konserven
Das kann gefrostet werden Gemüse, frische Kräuter, Nüsse/Kerne, Öle
Das sollte dunkel bzw. verpackt aufbewahrt werden getrocknete Kräuter (idealerweise im Ganzen), Pulvriges in Kapseln/Dosen, Öle
Das kann in den Küchenschrank ungekochtes (Pseudo-)Getreide, Flocken, Gewürze, Ghee, Kokosöl

1. Frische Brennnesseln eignen sich im Frühjahr als Kur.

2. Im Herbst sind Hagebutten die Stars eines gesunden Hundenapfes.

3. Viele Kräuter kannst du als Tee zubereiten.

4. Erfahre die unterschiedlichen Pflanzenstoffe: Sie sind farblich ansprechend und sehr gesund.

1

3

2

4

Verstoffwechslung und Mengenangaben

Werfen wir einen kurzen Blick auf die hündische Verdauung und damit auch auf die Verstoffwechslung von Futterergänzungen. Die folgenden Vorgänge werden unter dem Begriff des Metabolismus zusammengefasst.

Nach der Aufnahme und dem Weitertransport über Speiseröhre und Magen werden die Nährstoffe vor allem im Dünndarm und in kleineren Mengen auch im Dickdarm in den Organismus aufgenommen. Im Blut angekommen, verteilt sich der Wirkstoff der Futterergänzung und es folgen verschiedene Abbauprozesse. Vor allem die Leber spielt hierbei eine große Rolle. Zum Teil werden die Nährstoffe auch gespeichert. Der hündische Stoffwechsel zieht sie schließlich für verschiedene Vorgänge heran, beispielsweise zur Energiegewinnung, zur Hormonherstellung oder zur Reparatur von Geweben. Reste, die der Körper nicht benötigt, werden über Urin und Kot ausgeschieden. Du kannst beispielsweise das Ausscheiden von Pflanzenstoffen beobachten, wenn du an Rote Bete denkst: Sie färbt Kot und Urin rötlich. Wie Futterergänzungen im Hundekörper verstoffwechselt werden, ist zudem von folgenden Faktoren abhängig:

- **Bioverfügbarkeit** Diese beschreibt, wie gut der hündische Organismus den Stoff aufnehmen und für sich nutzbar machen kann.
- **Menge** Nur wenn eine gewisse Mindestmenge gefüttert wird, kann eine Wirkung eintreten. Gleichzeitig kann ein Übermaß zu einer unerwünschten Wirkung bis hin zu einer Vergiftung führen.
- **Verdauungsleistung** Verschiedene Erkrankungen von Magen und Darm können die Aufnahme verringern.
- **Wechselwirkungen mit anderen Nährstoffen** Die Aufnahme von Futterergänzungen ist auch vom Vorhandensein anderer Nährstoffe abhängig oder wird durch diese reglementiert. Ein Beispiel hierfür ist der sekundäre Pflanzenstoff Phytinsäure, der in vielen Getreide- und Nussarten zu finden ist. Dieser Stoff kann, im Übermaß gefüttert, die Aufnahme von Spurenelementen wie Zink und Kupfer herabsetzen.

Für die meisten Hunde landet immer zu wenig im Napf.

Dein Hund wird die Mengenkontrolle sicher gerne übernehmen.

Topping-Tipp

Behalte das Hundegewicht im Auge. Geht das durch die tägliche Gabe von zwei Mozzarellakugeln & Co. nach oben, solltest du eine andere Alternative finden.

Für eine optimale Verstoffwechslung solltest du daher darauf achten, dass Futterergänzungen in passender Menge im Napf landen und dass verschiedene Mittel nicht wahllos kombiniert werden.

DIE RICHTIGEN MENGEN

Das ist wohl eine der häufigsten Fragen. In den weiteren Kapiteln nennen wir bei vielen Zusätzen Mengenempfehlungen. Diese sind vor allem dann wichtig, wenn dein Hund konkrete gesundheitliche Probleme hat. Auch die Orientierung an Herstellerangaben ist sinnvoll. Bei Toppings, die dazu dienen, Abwechslung in den Napf zu bringen, solltest du darauf achten, dass dein Hund nicht zu viel erhält, dadurch zunimmt, und sie im Zweifelsfall weglassen, wenn dein Hund dadurch weniger von seinem Hauptfutter frisst.

MEIN HUND WILL DIE ZUSÄTZE NICHT FRESSEN!

Manchmal endet die Idee, seinem Hund etwas Gutes tun zu wollen, beim Hund: Er frisst es nicht. Bei Toppings, die keinen konkreten gesundheitlichen Mehrwert haben und somit gar nicht nötig sind, ist das nicht weiter schlimm. Die Verpackung verschwindet wieder im Schrank und vielleicht gibt es etwas anderes, das er mag? Sind es aber Futterergänzungen, die wichtig sind, beispielsweise zur Unterstützung einer Arthrose oder zur Herzstärkung bei einem Hundesenior? Dann kann ein Griff in die Trickkiste helfen:

– **Verstecken** Dazu eignen sich Hühnerherzen (gekocht/roh), kleine Mozzarellakugeln oder selbst gemachte Mini-Frikadellen aus Rindfleisch und Ei sowie Leberwurst (Rezept Seite 123).

– **Kapseln** Es gibt Leerkapseln (sogar mit Geschmack), die mit Zusätzen gefüllt werden können. Das Einfüllen ist jedoch sehr müßig. Sollte das aber die beste Option sein, dann lohnt sich der Kauf eines Kapselfüllers.

– **Andere Darreichungsform** Einige Produkte sind geruchsintensiv und werden daher verschmäht. Statt eines Bitterstofftees wäre beispielsweise auch eine entsprechende Tinktur eine Option, statt losem Grünlippmuschelpulver ein Produkt in Kapselform usw.

– **Untermischen** Mit etwas Glück findet die feine Hundenase es nicht, wenn die Futterergänzung richtig gut untergemischt wird. Ein Löffel vom Lieblingsessen (Thunfisch aus der Dose, gekochter Fisch, Kokosöl, Butter, Fischöl usw.) kann hier hilfreich sein.

»Mir Zeit für
die Ernährung
meiner Hunde
und das Pimpen
ihrer Näpfe
zu nehmen,
ist meine Art,
Zuneigung
und Respekt
vor ihren
Bedürfnissen
zu zeigen.«

Christiane

Don'ts bei der Auswahl an Napf-Toppings

Die Napf-Toppings sollen für unsere Hunde einen Mehrwert haben, aber es gibt auch Zusätze und Situationen, bei denen wir von einer Zugabe abraten.

WENN DEIN HUND ALLERGIEN ODER UNVERTRÄGLICHKEITEN HAT

Hier gilt: Weniger ist mehr. Es besteht die Gefahr, dass dein Hund auf das Produkt selbst oder auf einen Bestandteil oder Trägerstoff reagiert. Vorsicht gilt deswegen vor allem bei

– **Bierhefe** Diese kann Juckreiz begünstigen.
– **Tierischen Nebenerzeugnissen** Diese können Allergien intensivieren, wenn sie Proteinquellen enthalten, die nicht vertragen werden.
– **Trägerstoffen wie Kartoffelmehl, Soja oder Getreideprodukten** Diese sollten nur gefüttert werden, wenn sie gut vertragen werden.

NAPF-TOPPINGS MIT BIERHEFE

Neben dem Umstand, dass Bierhefe Juckreiz (der durch Hefen ausgelöst wird) intensivieren kann, möchten wir sie hier explizit wegen einer anderen Problematik erwähnen. Bierhefe ist sehr günstig und lässt sich gleichzeitig als Lieferant von B-Vitaminen „bewerben". Sie wird aber nicht deswegen inflationär eingesetzt, sondern vermehrt, um Produkte zu strecken und somit die Gewinnmarge zu erhöhen. Wir raten generell von Bierhefe in Futterergänzungen ab.

CALCIUMERGÄNZUNGEN IM WACHSTUM

Die Nährstoffversorgung sollte immer über das Futter deines Hundes erfolgen, dies gilt auch für Calcium, das in der Wachstumsphase ein wichtiger Mineralstoff ist. Eine zusätzliche Gabe von Calcium in Form von „Welpenkalk", Eierschalenmehl, Algenkalk oder Calciumcarbonat sollte immer exakt berechnet werden und nicht on top erfolgen. Das gilt auch für ausgewachsene Hunde.

ZUGABE VON JOD

Seealgenmehl (Kelp, Ascophyllum nodosum, Knotentang) enthält Jod in höheren Mengen. Die Jodzufuhr ist aber über das konventionelle Futter bereits sichergestellt und wird nur bei einer selbst zusammengestellten Fütterung genau berechnet und ergänzt. Im Übermaß zugeführt, kann es zu Problemen mit der Schilddrüse des Hundes kommen. Solche „Jodbomben" finden sich vor allem in Zusätzen zur Zahngesundheit. Diese Zusätze können zwar den Zahnbelag minimieren, aber auch Schilddrüsenerkrankungen hervorrufen. Hiervon raten wir ab.

ÖLE IN GROSSEN ABFÜLLUNGEN ZU GÜNSTIGEN PREISEN

Vor allem Pflanzenöle verderben schnell und werden ranzig. Die Herstellung von qualitativ hochwertigen Ölen wie Lachsöl ist preisintensiv. Wenn Öle daher in großen Kanistern zu sehr günstigen Preisen angeboten werden, ist die Wahrscheinlichkeit groß, dass die Qualität eher gering ist, mit minderwertigen Ölen gestreckt wurde oder an der wichtigen Schadstoffprüfung gespart wurde.

UNKLARE INHALTSSTOFFE

Wenn in Futterergänzungen nicht näher definierte Inhaltsstoffe wie Kräuterextrakte, Aromastoffe oder Nebenerzeugnisse auftauchen, ist unklar, was genau sich dahinter verbirgt. Idealerweise werden Ergänzungen mit offener Deklaration und somit genauer und verständlicher Aufschlüsselung genutzt. Diese Deklaration findest du auf dem jeweiligen Produkt oder der Online-Präsenz des Herstellers.

FEHLENDE AUSKUNFT

Wenn der Hersteller bei ungenauen Angaben der Inhaltsstoffe keine detaillierten Auskünfte oder keine Informationen über Schadstofftests angibt, raten wir von einem Kauf ab.

ZUSATZ VON ZUCKER, BEISPIELSWEISE ZUCKERRÜBENSCHNITZEL

Zwar wurde der Zucker überwiegend entzogen, aber etwas Zucker ist weiterhin vorhanden und kann u. a. zu Blähungen und weichem Kot führen.

Juckreiz kann ein Symptom einer Unverträglichkeit sein.

Und was ist mit dem Wassernapf?

Beim Pimpen des Napfes denken wir vor allem an das Futter. Dabei hat auch der Wassernapf Aufmerksamkeit verdient und lässt sich kreativ aufwerten.

Generell ist es zunächst wichtig, zu wissen, dass ein Hund am Tag ca. 0,5 Liter pro 10 kg Hundegewicht Wasser aufnehmen sollte. Je nach Fütterungsform passiert das bereits zu einem Großteil über das Futter. Vor allem bei Trockenfutter sollte die Wassermenge erhöht werden. Allerdings ist nicht jeder Hund ein großer „Trinker". Die Sorgen um zu geringe Trinkmengen sind weit verbreitet. Es gibt die Möglichkeit, schlechten Trinkern direkt etwas Wasser zum Futter zu mischen oder aber den Wassernapf zu pimpen, um das Wasser attraktiver zu machen. Dazu bieten sich an:

- Joghurt, Buttermilch, Kefir, Molke
- Knochensuppe
- Apfelessig

Es ist allerdings eher unwahrscheinlich, dass ein Hund insgesamt zu wenig trinkt. Einige Erkrankungen bzw. rassespezifische Besonderheiten machen es erforderlich, die Trinkmenge zu erhöhen, um das Durchspülen von Nieren und Blase zu gewährleisten:

- Rassen, die aufgrund einer genetischen Veränderung im Purinstoffwechsel zu viel Harnsäure im Urin ansammeln, was zur Bildung von Uratsteinen führen kann. Hier ist vor allem der Dalmatiner zu nennen, aber auch bei anderen Rassen scheint dieser Gendefekt gehäuft aufzutreten.

Apfelessig kannst du auch selbst herstellen.

Vor allem im Sommer sollte dein Hund ausreichend trinken.

– Bei akuten Erkrankungen mit Harnsteinen bzw. wenn dein Hund schon einmal Harnsteine hatte oder rassebedingt vorbelastet ist (z. B. der Irish Terrier).
– Akute Blasenentzündung
– Nach einer Narkose
– Nach sportlicher bzw. körperlicher hoher Belastung
– Bei Hitze
– Bei Hunden im Seniorenalter
– Kurzköpfige Rassen

Gib die Toppings in kleiner Menge in den Wassernapf oder rühre deinem Hund eine „Schorle" aus Wasser und Knochenbrühe an.

ZUSAMMENFASSUNG

Nachfolgend fassen wir die sechs wichtigsten Aspekte von Napf-Toppings für dich zusammen:

– **Die Basis muss stimmen.** Stelle sicher, dass dein Hund sein Hauptfutter gut verträgt, bevor du Toppings in den Napf gibst.
– **Beobachte die Topping-Verträglichkeit** Zeigen sich beim Hund nach der Zugabe Auffälligkeiten wie Bauchgeräusche, Durchfälle oder Erbrechen? Es kann sein, dass die Napf-Idee nicht vertragen wird und eingestellt werden muss.
– **Weniger ist mehr** Triff eine bewusste Auswahl, angepasst an die Bedürfnisse des Hundes und verwende nicht zu viel auf einmal.
– **Achte auf Qualität** Kaufe von seriösen Anbietern, die ihre Produkte auf Schadstoffe untersuchen lassen, stelle die Napf-Toppings ggf. selbst her oder pflücke sie sogar selbst.
– **Informiere dich über Wechselwirkungen** Stimme die Zugaben mit der Tierarztpraxis ab, wenn dein Hund Medikamente erhält.
– **Topping-Dauer** Einige Futterergänzungen eignen sich als Kur (vier bis sechs Wochen), andere können oder sollten dauerhaft gefüttert werden.

Topping-Tipp

Behalte die Akzeptanz im Auge: Wenn dein Hund fortan sein gepimptes Wasser nicht mehr trinkt, verzichte lieber.

DIE TOPPING-STARS IM NAPF

Eieiei –
ein Ei oder auch zwei?

Unsere Top 5 sind beliebt und es gibt zu ihnen einige Mythen und Unklarheiten, mit denen wir aufräumen möchten. Top 1 ist das Ei. Es gibt fast kein Napf-Topping, das so vielseitig einsetzbar und wandelbar ist wie ein Ei – oder auch zwei.

1

Eier haben zudem den Nebeneffekt, dass wir sie mit unseren Hunden teilen können – entweder das klassische Frühstücksei oder das Eiweiß, das beim Backen übrig bleibt. Bevor wir uns dem Ei als Napf-Topping zuwenden, möchten wir das Ei mit dir aus einem anderen Blickwinkel betrachten: Tierleid und Nachhaltigkeit. Du kannst zum Zeitpunkt des Kaufes einen Beitrag zur Tierliebe leisten, indem du dich aktiv für Eier aus Freilandhaltung entscheidest.

Mit Kräutern und Früchten können Eier gepimpt werden.

PROTEIN- UND VITAMIN-B-QUELLE

Das Ei liefert deinem Hund gut verdauliche Proteine und auch Nährstoffe, wie beispielsweise B-Vitamine. Sie sind daher auch nach sportlichen Herausforderungen und in Erholungsphasen nach Operationen eine gute Idee für ein Napf-Topping. Ein Vitamin dürfen wir allerdings besonders im Blick haben: Biotin (Vitamin B7) – das Vitamin für schönes Fell. Es ist vor allem im Eigelb enthalten. Hier gibt es allerdings eine Ei-Besonderheit: Im rohen Eiweiß ist ein an sich ungefährliches Glykoprotein namens Avidin enthalten, das einen Nachteil hat: Avidin bindet Biotin und dieses steht deinem Hund dann nicht mehr zur Verfügung. Zu viel Avidin kann sogar einen Biotinmangel nach sich ziehen. Avidin wird durch Hitze zerstört. Möchtest du also Eier füttern, um den Glanzgrad des Hundefells zu erhöhen? Dann solltest du Eiweiß lieber gekocht verwenden oder nur das rohe Eigelb nutzen. Wenn dein Hund zu Verdauungsproblemen neigt oder eine Bauchspeicheldrüsenschwäche hat, Eier aber generell verträgt, raten wir dir dazu, Eier immer gekocht und nicht roh zu verwenden. Das liegt u. a. daran, dass in Eiern ein

2

1. Gelingsicher: Ei mit Wunschzutat(en) verquirlen.

2. Ein Omelette bietet viel Spielraum für Kreativität.

weiteres Protein namens Ovomucin enthalten ist: Es kann die Kraft notwendiger Verdauungsenzyme herabsetzen und in der Folge die Verdauungsleistung von Proteinen erschweren. Wenn dein Hund zu Sodbrennen neigt bzw. Probleme mit der Magensäure hat, empfehlen wir, keine Eierschale zu füttern, da die enthaltene Calciumverbindung die Symptome verstärken kann.

Generell gilt Du kannst deinem Hund Eier in allen erdenklichen Varianten füttern:
– Im Ganzen, roh: Knobel-, Knabber- und Knusperspaß in einem Ei.
– Im Ganzen, gekocht (mit oder ohne Schale): nicht nur an Ostern eine Idee.
– Nur das Eigelb, roh: Hier steckt viel Biotin für schönes Fell drin.
– Nur das Eiweiß, gekocht: So wirst du beim Backen das Eiweiß los.
– Als Omelette: unser Geheimtipp!
– Als Rührei: Milch wird durch Wasser ersetzt.
– Als Spiegelei: Der Klassiker entweder von einer Seite oder von beiden Seiten in Butter gebraten.
– Als pochiertes Ei: für geübte EizubereiterInnen.

Menge 1 bis 2 Eier pro 10 kg Hundegewicht und Woche. Etwas mehr Ei schadet nicht.

Aufgepasst! Dein Hund hat chronische Entzündungen, wie beispielsweise Darmentzündungen oder Arthritis? Dann ist Eigelb aufgrund der enthaltenen Arachidonsäure nicht die richtige Wahl: Die Fettsäure kann entzündliche Vorgänge im Organismus verstärken.

Topping-Tipp Ein Omelette für Hunde lässt sich wunderbar variieren und mit vielen anderen Toppings aus diesem Buch kombinieren. Ei(er) mit einer Gabel verquirlen (für sehr kleine Hunde eignen sich auch Wachteleier) und nach Wunsch beispielsweise getrocknete oder frische Kräuter oder Beeren ergänzen. Auch Leckeres wie gekochter Fisch, Käse oder Pansenpulver macht sich hier gut. Auf diese Weise kannst du deinem Hund unliebsame, aber notwendige Zusätze untermogeln oder, wenn er kein freudiger Fresser ist, das Futter interessanter gestalten. Eier kannst du in Butter, Ghee oder Kokosöl braten und damit für noch mehr Geschmack sorgen.

QUARK, JOGHURT & MEHR

Molkereiprodukte werden geliebt. Sie können auch durch vegane Optionen ersetzt werden.

Molkereiprodukte – die Süßigkeit für unsere Hunde

Hast du es auch schon getan? Dir einen Joghurt mit deinem Hund geteilt? Oder vom Frühstückstisch ein Stück Käse entwendet, weil er Käse genauso liebt wie du? Willkommen im Leben mit Hund!

Neben den Eiern gehören Molkereiprodukte zu den beliebtesten Napf-Toppings. Sie überzeugen mit großer Auswahl, unterschiedlichen Geschmacksrichtungen, der vielseitigen Nutzung und der guten Verträglichkeit. Ähnlich wie Eier liefern sie hochverdauliches Protein. Zudem bekommst du sie überall und auch das Sortiment an veganen Alternativen kann sich sehen lassen, wenn dein Hund keine Molkereiprodukte verträgt oder du keine füttern möchtest.

MOLKEREIPRODUKTE – ALLES VON DER KUH

– Als Butter: Lecker, erhöht die Akzeptanz von Futter, spendet Energie; auch möglich und oft besser verträglich ist Ghee (geklärte Butter).
– Als Buttermilch: Sie bleibt bei der Butterherstellung übrig und ist durch die enthaltenen Milchsäurebakterien gesund für den Darm (wenn sie nicht pasteurisiert wurde).
– Als Hartkäse (geringer Wasseranteil): Appenzeller, Gruyère, Parmesan, Pecorino und Co. sind leckere, geruchsintensive Highlights im Napf.
– Als Joghurt: naturbelassen und zuckerfrei. Er stärkt die Darmflora, wenn er nicht pasteurisiert wurde.
– Als Molke: Sowohl Süß- als auch Sauermolken sind nutzbar und enthalten wasserlösliche Vitamine und einige Mineralstoffe.
– Als Schnitt-, Frisch- und Sauermilchkäse: Hier gibt es sicherlich die größte Auswahl mit Frischkäse, Hüttenkäse, Mozzarella, Quark sowie Ricotta und Gouda (in unzähligen Geruchsrichtungen).

Aufgepasst! In fetten Molkereiprodukten sind entzündungsfördernde Arachidonsäuren enthalten. Nutze ausschließlich magere Molkereiprodukte, wenn dein Hund chronische Entzündungen hat. In Produkten von Schaf und Ziege sind Arachidonsäuren hingegen kaum vorhanden.

MOLKEREIPRODUKTE – ALLES VON SCHAF UND ZIEGE

Du bekommst Käse, Joghurt, Molke und Butter sowie Ghee auch aus Schafs- oder Ziegenmilch. Auch den Feta können wir hier nennen, da dieser ausschließlich aus Schafs- und Ziegenmilch besteht. Füttere entsprechende Produkte aber nur dann, wenn dein Hund die Proteinquellen schon kennt, denn diese Tierarten eignen sich ansonsten gut für mögliche Ausschlussdiäten. Dies könnte ein Thema sein, wenn dein Hund im Laufe des Lebens eine Allergie oder Unverträglichkeit entwickelt.

VEGANE ALTERNATIVEN – ALLES VON DER PFLANZE

Nicht nur bei Menschen, sondern auch bei Hunden kann es zu einer Laktoseintoleranz kommen: Du kannst dann laktosefreie Alternativen für den Napf nutzen. Gerade beim Joghurt bieten sich auch vegane Alternativen an, die meistens auf Basis von Cashewkernen, Hafer, Kokosnuss oder Soja hergestellt werden. Achte darauf, dass kein Zucker zugesetzt ist, und natürlich auf die individuelle Verträglichkeit.

Aufgepasst! Bei Käse möchten wir von veganen Optionen abraten: Um den käsigen Geschmack zu erzeugen, wird oftmals mit Gewürzen, Hefen und Co. gearbeitet, die wiederum bei Unverträglichkeiten ein Problem sein können. In vielen Rezepturen finden sich zudem neben Cashewkernen auch Macadamianüsse, die für Hunde giftig sind.

Topping-Tipp Kokosjoghurt bekommst du zuckerfrei beispielsweise bei DM, Aldi oder von Alpro im Supermarkt. Einige Rezepturen enthalten etwas Salz. Wenn dein Hund Probleme mit einer Herz- und/oder Nierenerkrankung hat, solltest du keine Toppings mit zusätzlichem Natrium füttern.

WEITERE EINSATZIDEEN

- Zur Belohnung: Frischkäse oder Joghurt in Trainingstuben oder Käsestücke als Leckerli. Du kannst Käse auch bereits in kleine Stücke schneiden, frosten und in Zipper-Beuteln im TK aufbewahren. Bei Bedarf sind sie schnell aufgetaut.
- Zur Beschäftigung: gefüllter Frischkäse-Kong, Joghurt auf einer Schleckmatte
- Als Wasser-Topping: Buttermilch oder Joghurt in den Wassernapf
- Als Tablettengabe: Medikament in etwas Käse drücken und füttern (Aufgepasst! Es gibt Medikamente, die nicht zusammen mit Molkereiprodukten gefüttert werden sollten).
- Als Geruchs- und Geschmacks-Tuning: Für Mäkelhunde kannst du das Futter mit Parmesan bestreuen, warme Butter hinzugeben oder es mit etwas Käse im Ofen gratinieren.
- Zum Anbraten von Futter: Vor allem Ghee eignet sich hervorragend dazu und hat schon den ein oder anderen Mäkelhund überzeugt.

REZEPT KÄSE-POPS

- **100 g Käse (beispielsweise Gouda, Tilsiter, Emmentaler etc.)**

Schneide den Käse in kleine Quadrate (ca. 0,5 bis 1 cm Kantenlänge) oder steche kleine Kreise oder andere Formen aus. Breite die Käsestücke auf einem Backpapier aus. Im Anschluss bedeckst du alles mit Küchenpapier und lässt den Käse komplett durchtrocknen (ein bis zwei Tage). Wenn du es eilig hast, hilft der Dörrapparat. Entferne dann das Küchenpapier und heize den Backofen auf 240 Grad Ober-/Unterhitze vor. Das Backblech wird für ca. drei bis fünf Minuten in den Ofen geschoben, bis der Käse gepoppt ist. Pass auf, dass nichts verbrennt, denn das geht sehr schnell.

Topping-Tipp: Die Pops eignen sich als Leckerlis und, klein gebröselt, zum Pimpen des Futters.

REZEPT BUTTERMILCH MIT ANTIPARASITÄREN KRÄUTERN (NACH SWANIE SIMON)

1

2

3

4

– 1 Becher Buttermilch (bio)
– Je 3 EL getrocknete Kräuter wie Oregano, Thymian, Walnussblätter, Wermut (wähle mindestens eine, gerne auch zwei oder alle Pflanzen aus).

Buttermilch und Kräuter mischen und 12 Stunden ziehen lassen. Die Pflanzenstoffe, hier vor allem die antibakteriell und antiparasitär wirksamen, gehen in die Buttermilch über. Die Buttermilch kann unterstützend eingesetzt werden bei Darmparasiten, wie beispielsweise Giardien oder Kokzidien. Auch zur Vorsorge für eine gesunde Darmfunktion und um im Darm unerwünschte Keime zu minimieren, eignet sich die Buttermilch.

Menge 3 EL pro 10 kg Hundegewicht – verteilt auf 2 Mahlzeiten. Eignet sich als Kur für 2 bis 3 Wochen.

1. Neben getrockneten kannst du auch frische Kräuter nutzen.
2. Verwendet werden Kräuter, die antiparasitäre Eigenschaften haben.
3. Statt Buttermilch eignet sich auch Kefir.
4. Im Kühlschrank hält sich die Mischung mindestens eine Woche.

Nüsse, Kerne und Samen

Wir knabbern sie gerne auf der Couch und was liegt näher, als die leckeren Nüsse auch mit unserem Hund zu teilen? Bei vielen Nüssen, Kernen und Samen ist das möglich, wenn gewisse Einschränkungen beachtet werden.

Während wir im Sprachgebrauch oft keinen Unterschied zwischen den Bezeichnungen machen, zeichnen sich Nüsse botanisch durch ihre harte Schale aus (Beispiele: Walnüsse, Haselnüsse). Die Kerne sind dagegen Samen, die sich innerhalb einer harten Schale befinden (beispielsweise Kürbis- und Sonnenblumenkerne). Und dann gibt es noch Nüsse, die gar keine sind, wie die Erdnuss, die eigentlich zu den Hülsenfrüchten gehört. Trotz aller Verwirrungen um die Einordnung können Nüsse, Kerne und Samen die Ernährung deines Hundes mit verschiedenen Fettsäuren, Mineralstoffen und vor allem Spurenelementen bereichern. Doch nicht alle sind für Hunde gesund, einige sogar giftig wie die Macadamianuss. Bis heute ist noch unklar, auf welchen Inhaltsstoff diese Giftigkeit für den Hund zurückzuführen ist. Sollte dein Hund aus Versehen eine Macadamianuss erwischen, ist möglichst schnell eine Tierklinik aufzusuchen. Hingegen ist die Erdnuss zwar nicht giftig, aber es besteht die Gefahr einer Allergie, die im schlimmsten Fall dazu führen kann, dass deinem Hund die Atemwege zuschwellen. Daher sollten Erdnüsse und auch Erdnussmus nur vorsichtig und in kleinen Mengen genutzt werden. Immer wieder wird auch von Walnüssen abgeraten und damit begründet, dass sie für den Hund giftig seien. Zu Recht? Die Schale von unreifen oder verschimmelten Walnüssen kann von einem Pilz befallen sein und dann Symptome einer Vergiftung auslösen, getrocknete Walnüsse sind jedoch unproblematisch. Nicht im Napf landen sollte die Muskatnuss. Sie enthält Myristicin, eine chemische Verbindung, die das zentrale Nervensystem beeinflussen und zu neurologischen Problemen führen kann. Hier können bereits kleine Mengen problematisch sein.

Folgende Nüsse, Kerne und Samen bieten deinem Hund einen gesundheitlichen Mehrwert und sind ein ideales Napf-Topping:

Die Auswahl ist groß,
aber nicht alles ist verträglich.

Nüsse als Napf-Topping oder als gemeinsamer Snack am Abend.

Nuss, Kern oder Samen	Das steckt in höheren Mengen in der Nuss
Walnüsse	Omega-3-Fettsäuren
Paranüsse	Selen
Kokosnuss	Selen
Cashewnüsse	Ballaststoffe, Magnesium
Haselnüsse	Vitamin E, Kupfer und Mangan
Süße Mandeln	Magnesium, B-Vitamine, Vitamin E
Kürbiskerne	Magnesium, Zink, Mangan
Sonnenblumenkerne	Folsäure
Sesamsamen	B-Vitamine, Vitamin E, Magnesium
Leinsamen	Omega-3-Fettsäuren
Chiasamen	Omega-3-Fettsäuren
Hanfsamen	Proteine

Menge Wir empfehlen bei Nüssen, Kernen und Samen eine Menge von 10 g pro 10 kg Hundegewicht verteilt auf die Woche.

Aufgepasst! Giftige Nüsse sind: Macadamianuss, Schwarznuss, Muskatnuss, Bittermandeln, unreife Walnuss. Die hohe Menge an Fettsäuren macht Nüsse zu kleinen Kalorienbomben. Auch gibt es unter Hunden Nussallergiker. Wenn dein Hund schon bekannte Allergien hat, dann greife am besten zu einem anderen Napf-Topping.

Topping-Tipp Damit dein Hund die Inhaltsstoffe gut aufnehmen kann, sollten die Nüsse, Kerne und Samen püriert oder gemörsert werden – je feiner, desto besser. Die Ausnahme bildet die Kokosnuss: Hier kannst du Raspel verwenden. Bereite eine Mischung aus verschiedenen Kernen und Samen vor und lagere diese in einem verschlossenen Glas. Verzichte aber auf die Vorbereitung großer Mengen, denn durch die enthaltenen Fettsäuren können sie bei Sauerstoffkontakt schnell ranzig werden. Für eine breit gefächerte Zufuhr an Nährstoffen solltest du zwischen den Sorten abwechseln.

Beispiel für eine Nussmischung für einen Hund mit 10 kg Gewicht für eine Woche:
5 g Kokosraspel
2 g gemahlene Kürbiskerne
3 g gemahlene Walnüsse

BORRETSCHÖL

Das Öl wird aus den Samen gewonnen, die im Gegensatz zu den Blättern keine gesundheitlich bedenklichen Pyrrolizidinalkaloide enthalten.

Öle

Hunde haben einen etwas anderen Bedarf an Fettsäuren als Menschen. Über verschiedene Öle kannst du diesen decken. Welche Öle besonders wertvoll sind, schauen wir uns an.

Bei Ölen wird grundlegend zwischen pflanzlichen Ölen (z. B. Borretschöl) und tierischen Ölen (z. B. Lachsöl) unterschieden. Ihnen kommt aufgrund der enthaltenen Fettsäuren eine wichtige Stellung in der Hundeernährung zu und sie sollten regelmäßig im Napf landen. Mangelt es einem Hund an den richtigen Fettsäuren, zeigt sich das oft an einem weniger glänzenden Fell sowie an trockener oder schuppiger, teils auch entzündeter Haut. Diese Symptome können auch auftreten, wenn das Verhältnis der einzelnen Fettsäuren zueinander nicht optimal ist, weil beispielsweise die falschen Öle genutzt werden.

ZUR VERSORGUNG MIT OMEGA-3-FETTSÄUREN

Für den Hund kommen vor allem den Omega-3-Fettsäuren Eicosapentaensäure (EPA) und Docosahexaensäure (DHA) eine Bedeutung zu. Diese können bei Erkrankungen mit chronischen Verläufen wie Herzerkrankungen, allergischen Reaktionen, Haut- oder Darmerkrankungen ausgleichend wirken. EPA und DHA finden sich aber nur in Fischölen, im Krill- und Algenöl. In einigen pflanzlichen Alternativen wie Lein-, Chiasamen- oder Perillaöl ist der Gehalt an Omega-3-Fettsäuren zwar hoch, aber es sind nur Vorstufen von EPA und DHA enthalten. Diese muss dein Hund selbst in EPA und DHA umwandeln, was mit großen Verlusten verbunden ist. Daher ist es am besten, direkt Öle mit einem hohen Gehalt an den nötigen Fettsäuren zu wählen.

Menge 1 TL pro 10 kg Hundegewicht pro Tag – einmal am Tag. Die Angabe von Mengen ist jedoch schwierig, da der Gehalt an Fettsäuren je nach Produkt stark schwankt.

Topping-Tipp Wir empfehlen aufgrund der optimalen Zusammensetzung aus Omega-3-Fettsäuren und gamma-Linolensäure in Form von Borretsch- oder Hanföl sogenannte 3-6-9-Öle von DHN, Pahema oder BarfKultur. Hier ist überall Vitamin E zugesetzt, welches als Antioxidans verhindert, dass das enthaltene Pflanzenöl zu schnell ranzig wird.

Topping-Tipp

Leinöl wird gerne genutzt. Nachteil: Es wird schnell ranzig, sollte gekühlt werden und bietet für Hunde die Fettsäuren nicht in gut verfügbarer Form. Es gibt bessere Öle.

1

1. Linolsäure trägt im Wachstum zur Entwicklung des Gehirns bei.

2. Achte auch bei deinem erwachsenen Hund auf die Versorgung mit wichtigen Fettsäuren.

ZUR VERSORGUNG MIT LINOLSÄURE

Ein Mangel an Linolsäure, einer wichtigen Omega-6-Fettsäure, kann sich wie bei den Omega-3-Fettsäuren in Hautveränderungen zeigen. Ebenso spielt die Fettsäure bei der Bekämpfung von Entzündungsprozessen eine Rolle und ist bei Hunden im Wachstum wichtig für die Entwicklung des Nervensystems. Daher findest du auch in der Muttermilch bei Hunden einen hohen Gehalt an Linolsäure. Sie sollte ausreichend in der Fütterung enthalten sein. Du kannst den Bedarf an Linolsäure über Nüsse und Kerne (es eignen sich gemahlene Walnüsse und Sonnenblumenkerne), über linolsäurehaltige Fleischsorten wie fettreiches Geflügelfleisch oder über Öle mit viel Linolsäure (z. B. Hanf- oder Distelöl) decken.

ZUR VERSORGUNG MIT GAMMA-LINOLENSÄURE

Die gamma-Linolensäure (GLA) ist eine Omega-6-Fettsäure, die dein Hund eigentlich selbst herstellen kann, sodass er nicht auf die Zufuhr über das Futter angewiesen ist. Die gamma-Linolensäure wird im Organismus dann wiederum in weitere Omega-6-Fettsäuren umgebaut, die sich regulierend auf Entzündungen auswirken können. Um Hautprobleme zu verringern, ist es möglich, gamma-Linolensäure in höheren Mengen zu füttern und den Hund über Napf-Toppings mit einer Extraportion zu versorgen. Das führt dazu, dass entzündungshemmende Gewebshormone gebildet werden, die sich positiv auf die Haut auswirken. Öle mit einem hohen Gehalt an gamma-Linolensäure sind Nachtkerzen- und Borretschöl.

2

Aufgepasst! Wenn du dich mit Ölen beschäftigst, wird dir das Thema „Ranzigwerden" begegnen. Dabei verdirbt das Öl und verliert so seine positiven Eigenschaften. Ranziges Öl schadet deinem Hund dann mehr, als dass es nutzt und betrifft vor allem Pflanzenöle, wie beispielsweise Borretsch- oder Leinöl. Daher empfehlen wir dir, kleine Abfüllungen zu kaufen, Kaltpressungen vorzuziehen und Pflanzenöle im Kühlschrank zu lagern.

Topping-Tipp Achte besonders bei tierischen Ölen auf die Qualität. Seriöse Hersteller nehmen eine Schadstoffanalyse ihrer Fischöle vor und benennen auch den Gehalt an EPA und DHA ihrer Öle. Hier wäre ein Gesamtwert von ca. 30 % ideal. Öle sollten in dunklen Flaschen abgefüllt sein und Lachsöle idealerweise aus Wildfang stammen. Kleine Abfüllungen sind größeren wegen der Haltbarkeit vorzuziehen. So kannst du das Öl-Thema im Alltag umsetzen:

Öl	Anwendung
3-6-9-Öl, Lachsöl, Algenöl oder Krillöl	täglich, auch bei konventionellem Futter
Hanf- oder Distelöl	täglich, wenn kein fettreiches Geflügelfleisch oder linolsäurereiche Nüsse wie Walnüsse gefüttert werden
Nachtkerzen- oder Borretschöl	kurweise im Fellwechsel, bei Hautproblemen, Juckreiz
Kokosöl	ab und zu als Energiekick
Olivenöl, Sonnenblumenöl, Rapsöl	gar nicht, da sie für den Hund unpassende Fettsäuren enthalten

AUFMERKSAME BEGLEITUNG

Kräuter sammeln als gemeinsames Hobby: Dein Hund wird sich für deine Aktivitäten interessieren, hilft mit oder frisst direkt alles auf.

(Wilde) Kräuter & Beeren

Kräuter als Topping? Auf jeden Fall und am besten regelmäßig, denn mit Kräutern bringst du wertvolle Pflanzenstoffe mit gesundheitlichem Mehrwert in den Hundenapf.

Sowohl die Traditionelle Europäische Medizin (TEM), die Traditionelle Chinesische Medizin (TCM) als auch die indische Heilkunst (Ayurveda) basieren auf der Heilkraft der Pflanzen – der Pflanzenmedizin (Phytotherapie). Das Wissen um die Heilkraft wird seit Jahrtausenden eingesetzt und von Generation zu Generation weitergegeben. Seit vielen Jahren werden die medizinischen Wirkungen von Heilpflanzen auch im Labor erforscht und bestätigt, sodass viele der heute von uns genutzten synthetischen Wirkstoffe in Medikamenten als Vorbild die sogenannten sekundären Pflanzenstoffe aus Wildpflanzen haben (beispielsweise hat die schmerzlindernde Salicylsäure im Aspirin das Mädesüß bzw. die Weide als Vorbild – beide enthalten Salicylsäureverbindungen). Es gibt unzählige Medikamente, die die Natur als Vorbild genutzt haben.

WAS SIND SEKUNDÄRE PFLANZENSTOFFE?

Darunter verstehen wir chemische Verbindungen in Pflanzen, die u. a. für Geruch, Farbe und Geschmack verantwortlich sind. Während primäre Pflanzenstoffe die Hauptbestandteile der Pflanzen (Kohlenhydrate, Eiweiße, Fette, Nährstoffe) bezeichnen, sind sekundäre Pflanzenstoffe für Pflanzen gar nicht so sekundär, wie der Name es vermuten lässt. Vielmehr sind sie überlebenswichtig: Sie schützen vor Fressfeinden, Bakterien und Pilzen und dienen ebenso dem Anlocken von Insekten, damit die Fortpflanzung stattfinden kann. Beim Thema „Geschmack" wird die Wichtigkeit deutlicher: Eine junge Beere einer Schlehe schmeckt sauer bzw. bitter. Dafür verantwortlich sind Gerbstoffe. Hiermit schützt sich die Pflanze davor, dass die Beeren zu früh von Wildtieren genascht werden.

In der Natur findet sich allerhand zum Sammeln.

Trau dich und teste eine Schlehe. Mag dein Hund auch?

Mit zunehmendem Reifegrad sinkt der Gerbstoffgehalt und die Beeren werden schmackhafter. Jetzt sollen sie sogar gefressen werden, damit sich die Kerne über den Kot der Wildtiere verbreiten und an anderer Stelle eine neue Pflanze entstehen kann. Sekundäre Pflanzenstoffe können ebenso, in der richtigen Menge eingesetzt, vielfältige pharmakologische Wirkungen haben. Schätzungen gehen von 60 000 bis 100 000 sekundären Pflanzenstoffen aus. Die meisten sind bis heute nicht bekannt bzw. ihre Wirkungsweisen nicht entschlüsselt. In jeder Pflanze gibt es immer einen Cocktail aus Pflanzenstoffen, die sich gegenseitig ergänzen und verstärken, sodass es bei der Verwendung der ganzen Pflanze seltener zu Neben- oder Wechselwirkungen kommt als bei isolierten Pflanzenstoffen.

Sekundäre Pflanzenstoffe sind für deinen Hund nicht essenziell. Er braucht sie nicht zum Überleben. Es gibt für sie demnach auch keine Bedarfs- und Grenzwerte. Im Humanbereich bestehen lediglich Empfehlungen, die sich vor allem aus der Menge an Obst und Gemüse ableiten, die der Mensch täglich zu sich nehmen soll. Gesundheitlich wertvolle Pflanzenstoffe findest du nicht nur in Wild- und Küchenkräutern, sondern auch in Obst und Gemüse.

6 PFLANZENSTOFFE UND IHRE SUPERKRÄFTE

Schauen wir uns, stellvertretend für die unzähligen sekundären Pflanzenstoffe, sechs an und werfen einen kurzen Blick auf ihre möglichen Superkräfte.

1

2

1. Kamillenblüten …

2. … können in jedem Hundealter leichte Magenbeschwerden lindern.

Ätherische Öle

Sie sind charakteristisch für Geruch sowie Geschmack und können gut über den Verdauungstrakt resorbiert werden. Fast alle Pflanzen mit einem hohen Gehalt an ätherischen Ölen, sogenannte Aromatika, haben keim- und entzündungshemmende Eigenschaften. Zudem wirken sie entspannend, krampflösend und nehmen so beispielsweise positiven Einfluss auf (stressbedingte) Verdauungsprobleme. Blähungen und Magenprobleme können zwei von vielen Einsatzgebieten darstellen. Alleine die Vielfalt der unterschiedlichen ätherischen Öle – sowohl auf physischer als auch auf psychischer Ebene nutzbar – füllt ganze Bücher. Nicht umsonst gibt es die Aromatherapie als eigenen Bereich der Phytotherapie. Die Verfütterung von reinen ätherischen Ölen ist jedoch ein Fall für ExpertInnen und sollte nicht in Eigenregie vorgenommen werden. In diesen Kräutern und Gemüsesorten findest du sehr hohe Mengen an ätherischen Ölen:

– Kräuter: Kamille, Lavendel, Pfefferminze, Melisse, Oregano
– Gemüse: Fenchel, Ingwer, Knollensellerie, Petersilienwurzel, Pastinake

Topping-Tipp Du findest z. B. Oregano (Origanum vulgare) den ganzen Sommer über als Wildform in der Natur, kannst ihn sammeln und kopfüber trocknen. Das Wildkraut mit einem hohen Gehalt an ätherischen Ölen ist Teil der Buttermilch mit antiparasitären Kräutern (das Rezept findest du in Kapitel Molkereiprodukte – die Süßigkeit für unsere Hunde, siehe Seite 32.

Aufgepasst! Wenn dein Hund an Epilepsie erkrankt ist, solltest du alles mit ätherischen Ölen – innerlich und äußerlich – meiden.

1

2

1. Schafgarbe, Löwenzahn und Chicorée …

2. … Bitterstoffe aus dem Supermarkt oder direkt von der Wiese.

Bitterstoffe

Sie schmecken – wie der Name schon sagt – bitter. Alles, was Bitterstoffe enthält, kurbelt die Produktion von Verdauungssäften an und stärkt somit die Verdauungskraft. Das wirkt sich vor allem positiv auf alle Organe aus, die Sekrete und Enzyme produzieren, wie Bauchspeicheldrüse, Leber, Galle und Magen. Bitterstoffe können zudem den Appetit steigern und Blähungen reduzieren. Durch die positiven Auswirkungen auf die Verdauung wird das darmassoziierte Immunsystem gestärkt. Bitterstoffe wirken insgesamt aktivierend und belebend. Sie sind aus Geschmacksgründen aus vielen Kulturpflanzen leider weitestgehend herausgezüchtet worden. Für die hündische Gesundheit sind Bitterstoffe hingegen sehr wertvoll. Pflanzen mit vielen Bitterstoffen sind:

- Kräuter: Löwenzahn, Schafgarbe, Tausendgüldenkraut, Wegwarte, Wermut
- Gemüse: Chicorée, Endivie, Kohlgemüse, Radicchio, Rucola

Topping-Tipp Bitterpflanzen haben unterschiedliche Bitterwerte. Ein Bitterwert von 1 000 bedeutet, dass 1 g der Pflanze in 1 000 ml Wasser noch bitter schmeckt. Starte im Alltag am besten mit Pflanzen, die einen geringen Bitterwert haben, wie beispielsweise Löwenzahn, wenn dein Hund noch nie Bitterpflanzen erhalten hat. Diesen kannst du selbst pflücken (Wurzel, Blätter und auch Blüten) oder als Löwenzahnsaft nutzen. Du kannst ihn auch fertig kaufen.

Bitterwerte

- Isländisch Moos: 700
- Löwenzahn: 100
- Salbei: 1 000
- Schafgarbe: 3 000 – 5 000
- Tausendgüldenkraut: 2 000 – 10 000
- Wegwartenwurzel: 800
- Wermut: 10 000 – 25 000

Flavonoide

Pflanzen mit einem hohen Gehalt an Flavonoiden erkennst du oft daran, dass sie besonders farbintensiv sind, denn Flavonoide sind u. a. verantwortlich für die Bildung von Farbstoffen in vielen Pflanzen. Sie haben aber weitaus mehr zu bieten und weisen ein umfangreiches Wirkungsspektrum auf. Sie können beispielsweise entzündungshemmend, antibakteriell und gefäß- sowie herzstärkend sein. Zudem haben Flavonoide ein hohes zellschützendes Potenzial, was sie auch im Rahmen der Krebsprävention zu einem wichtigen Pflanzenstoff macht. Viele der bekannten Heilpflanzen sind solche mit einem hohen Gehalt an Flavonoiden:

– Kräuter: Goldrute, Mariendistel, Ringelblume, Sanddorn, Weißdorn
– Gemüse/Obst: Apfel, Brokkoli, Grünkohl, Möhre, Rotkohl

Topping-Tipp Ergänze als Napf-Topping regelmäßig flavonoidhaltige Pflanzen. Das macht den Napf bunter und du kannst die Gesundheit und das Wohlbefinden deines Hundes insgesamt stärken: je bunter, desto besser. Der Gehalt ist dann am höchsten, wenn du (wilde) Pflanzen aus Freilandanbau nutzt. Im Frühling haben auch die jungen grünen Triebe von Löwenzahn, Giersch und Brennnessel usw. einen höheren Gehalt an Flavonoiden.

1

2

1. Orange ist eine typische Farbe für flavonoidhaltige Pflanzen.

2. Brokkoli kannst du in allen Varianten nutzen.

1

2

1. Beeren schmecken vom Strauch gesnackt am besten.

2. Wenn möglich, nutze wilde Blaubeeren.

Anthocyane

Dieser sekundäre Pflanzenstoff gehört zwar zu den Flavonoiden, bekommt aber von uns besondere Aufmerksamkeit, da du die Anthocyane noch häufiger in diesem Buch antreffen wirst. Du erkennst Pflanzen mit einem hohen Gehalt an Anthocyanen, wenn sie eine blaue, rote oder violette Färbung haben.
Sie verfügen über eine hohe entzündungshemmende Wirkung, schützen die Zellen, sind antibakteriell sowie leberstärkend und gehören zu den Pflanzenstoffen, welche die Entstehung von Krebs verzögern können. Auch wenn sie noch nicht so gut erforscht sind wie andere Inhaltsstoffe, toppen laut aktuellen Untersuchungen die Superkräfte der Anthocyane die von anderen Pflanzenstoffen. Sie kommen vor allem in Beeren und Früchten vor.
– Beeren und Früchte: Brombeere, Hagebutte, Heidelbeere, Preiselbeere, Schwarze Johannisbeere

Topping-Tipp Ergänze regelmäßig wilde Beeren – am besten selbst gepflückt in den Sommermonaten oder als Pulver bzw. Beerensaft im restlichen Jahr. Kultivierte Beeren enthalten im Gegensatz zu wilden Beeren nur einen Bruchteil an Anthocyanen.

Schleimstoffe

Sie gehen liebend gerne eine Verbindung mit Wasser ein und sind in der Lage, Wasser zu binden und quellen dadurch auf. Bei diesem Vorgang können auch Giftstoffe aufgenommen werden, sodass Schleimstoffe eine leicht ausleitende Wirkung haben können. Sie sind in der Lage, Schleimhäute zu schützen (beispielsweise von Magen und Darm) und Reizungen und Entzündungen zu lindern. Das wiederum verbessert die Möglichkeit der Regeneration, beispielsweise bei einer Magenschleimhautentzündung. Zudem können Schleimstoffe die Magensäure puffern.

– Kräuter: Eibisch, Flohsamen, Königskerze, Isländisch Moos, Malve

Topping-Tipp Flohsamen sind die Samen des indischen Wegerichs, der mit den heimischen Wegericharten verwandt ist. Eine Alternative sind die heimischen Samen von Breit- oder Spitzwegerich. Jedoch haben sie nicht die gleiche intensiv quellende Wirkung wie Flohsamenschalen.

Gerbstoffe

Dir werden Gerbstoffe wahrscheinlich vor allem aus der Lederherstellung bekannt sein. Sie wirken zusammenziehend und austrocknend. Diese Eigenschaften kannst du dir für deinen Hund vor allem bei Durchfall zunutze machen. Kommen Gerbstoffe mit der Darmschleimhaut in Kontakt, vernetzen sie dort die Eiweißstrukturen und ziehen auf diese Weise das Gewebe zusammen. Das hat positive Effekte: Es kommt weniger Wasser in den Darm, was den Kot verdickt, und es gelangen weniger reizende Stoffwechselprodukte von Bakterien und Viren aus dem Darm in das Blut. Zudem sind die unteren Schichten der Schleimhaut durch die Wirkung der Gerbstoffe besser vor Bakterien und Viren geschützt.

– Kräuter: Blutwurz, Gänsefingerkraut, Blätter von Brombeere, Himbeere, Walderdbeere

– Obst: Heidelbeeren, Schlehen

Topping-Tipp Nutze Pflanzen mit einem hohen Gehalt an Gerbstoffen wie Blutwurz nicht zu lange. Durch den zusammenziehenden Effekt wirken sie auch austrocknend auf Schleimhäute und reduzieren bei einer zu langen Einnahme die Aufnahme von Nährstoffen über die Darmwand. Blätter von Brombeeren kannst du aufgrund der geringen Menge an Gerbstoffen auch häufiger verwenden. Gerbstoffe eignen sich als Napf-Topping bei gesundheitlichen Problemen wie Durchfall.

Malve: nicht nur hübsch, sondern voller Schleimstoffe.

WILDE KRÄUTER SAMMELN

Du hast nun einen Einblick in die Pflanzenstoffe von (wilden) Kräutern bekommen. Was könnte es Schöneres geben, als die Pflanzen selbst zu sammeln? Eine Gassirunde eignet sich dafür hervorragend und stärkt den gemeinsamen Entdeckergeist. Aus Erfahrung können wir dir sagen: Dein Hund wird es sehr interessant finden, wenn du potenzielle Pflanzen für das Napf-Topping in Wald und Wiese unter die Lupe nimmst, und sicherlich herkommen, um dich mit vollem Naseneinsatz zu unterstützen.

Bevor du startest

Ängste Die Sorge vor verunreinigten Pflanzen, Fuchsbandwurm, Hundeurin usw. ist groß. Zu Recht? Wir denken, dass jeder hier individuelle Ängste und Sorgen hat, die sich wohl über ein bis zwei gut gemeinte Sätze von uns nicht aus der Welt schaffen lassen. Daher folge immer dem, was sich für dich gut anfühlt. Wenn du dich mit dem Sammeln von Pflanzen in der Natur nicht wohlfühlst, setze andere Napf-Toppings ein.

Hygiene Meide das Sammeln an Feldern, denn es ist ungewiss, was wann gespritzt wurde. Die klassischen Gassiwege sind ebenfalls kein guter Kräuterpflückort ebenso wie offensichtlich vermüllte Bereiche. In Städten bilden Büsche einen guten Schutz vor Abgasen. Die Wildkräuter hinter dem Busch sind sammelbar. Es kann sich also lohnen, auch im urbanen Gebiet nach Wildkräutern zu suchen.

1. Pflücke nur, was du sicher bestimmen kannst.

2. Nimm nie mehr mit, als in eine Hand passt.

1

2

1

2

Fuchsbandwurm (Echinococcus) Nach Angaben des Robert Koch-Instituts infizieren sich bundesweit etwa 30 bis 40 Personen pro Jahr mit dem Fuchsbandwurm – das sind weit weniger als jährlich beispielsweise durch Blitzschlag zu Schaden kommen. Das Risiko, sich in Deutschland zu infizieren, ist äußerst gering. Man nimmt zwar nach wie vor an, dass der Verzehr von Wildbeeren und damit die Aufnahme der Eier zu einer Infektion führen könnte. Dies konnte aber bis heute in keinem Fall nachgewiesen werden. Theoretisch kann jede Pflanze mit Fuchskot in Kontakt gekommen sein, auch der Freilandsalat. Eine 100 %ige Sicherheit gibt es nie. Wir wünschen uns, dass du dich deswegen nicht zu sehr davon abhalten lässt, die Natur zu genießen.

Gefunden?! Sammle nur, was du sicher bestimmen kannst: Die kostenlose App Flora Incognita hilft dir bei der Wildkräuterbestimmung. Alternativ bietet sich auch Google Lens oder ein Bestimmungsbuch (beispielsweise „Was blüht denn da?“) an. Generell gilt: Bist du unsicher bzgl. einer Pflanze? Dann nutze sie nicht.

Sei schnell Du kannst die Wildkräuter gut in (kleinen) Jutesäckchen transportieren. Die wertvollen Pflanzenstoffe der Wildkräuter weisen direkt nach der Ernte die höchste Konzentration auf. Verwende die Pflanzen zeitnah.

Verarbeitung Du erhöhst die Halt barkeit um zwei bis drei Tage, wenn du die gesammelten Pflanzen mit etwas Wasser in einen Zipper-Beutel gibst und diesen im Kühlschrank aufbewahrst. Für eine längere Haltbarkeit kommt der Tiefkühler zum Einsatz: Wildkräuter entweder püriert (beispielsweise mit etwas Gemüse oder zu einem Smoothie verarbeitet) oder ganz fein aufgeschnitten (beispielsweise in kleinen Eiswürfelformen) frosten. Durch das Trocknen ganzer Pflanzenteile an einem warmen, lichtgeschützten Ort erreichst du auch eine längere Haltbarkeit. Bewahre die getrocknete Pflanze in Papiertüten im Schrank auf und zerkleinere sie erst, wenn du sie füttern möchtest. Früchte, wie beispielsweise Hagebutten, kannst du auch im Ofen oder Dörrautomaten trocknen, am besten bei 50 Grad.

1. Hunde haben keinen großen Anspruch an den Geschmack eines Smoothies.
2. Mixe das zusammen, was du findest.

UNSERE 16 WILDEN LIEBLINGSPFLANZEN SIND

	Wildpflanze	Hinweise
	**Bärlauch**	giftige Doppelgänger beachten, nur kleine Mengen nutzen
	**Brennnessel**	Blätter, Samen und Wurzel; harntreibend, nährstoffreich
	**Gänseblümchen**	eignen sich zur Napfdekoration; stoffwechselanregend
	**Giersch**	gerne in größeren Mengen nutzen, kann Harnsäurewerte reduzieren
	**Gundermann**	leitet Schwermetalle aus, entgiftend
	**Kamille**	gut als Tee bei Magenproblemen
	**Klettenlabkraut**	als Frühlingskur, unterstützt das Lymphsystem
	**Löwenzahn**	ganze Pflanze nutzbar, sanfte Bitterstoffe

	Wildpflanzen	Hinweis
	**Melisse**	auch als Zitronenmelisse bekannt, beruhigend für Psyche und Verdauung
	**Rotklee**	enthält Phytoöstrogene
	**Schafgarbe**	Blätter und Blüten, gut verträgliche Bitterstoffe
	**Spitzwegerich**	Blätter und Samen; Breitwegerich geht auch
	**Vogelmiere**	gibt es im warmen Winter ganzjährig
	**Weißdorn**	Blätter, Blüten und Früchte; herzstärkend
	**Wilde Möhre**	Wurzel, Blätter und Samen, intensiver Möhrengeruch
	**Wilder Dost (Oregano)**	antiparasitär

Himbeeren findest du oft an Waldrändern.

BEEREN-SPEZIAL

Folgende Beeren und Früchte kannst du ab dem Frühsommer bis in den späten Herbst hinein sammeln und nutzen. Die Beeren und Früchte eignen sich direkt vom Strauch gut als Leckerli oder als Napf-Topping. Idealerweise pürierst du sie oder, wenn sie sehr weich und reif sind, quetschst sie mit einer Gabel.

Unsere Top 10:

- Brombeere
- Hagebutte
- Himbeere
- Kratzbeere
- Preiselbeere
- Sanddorn
- Schlehe
- Walderdbeere
- Weißdorn
- Wilde Blaubeere

WAS IST MIT KÜCHENKRÄUTERN?

Natürlich kannst du deinem Hund auch Küchenkräuter füttern. Diese haben allerdings einen geringeren Gehalt an Pflanzenstoffen als wilde Kräuter. Auf der anderen Seite hast du zu ihnen einen besseren Zugang und kannst sie bequem von der Fensterbank oder aus dem Garten pflücken. Dort oder auf dem Balkon gepflanzt, sind sie garantiert frei von Hundepipi.

Giftnotrufnummern

Wir empfehlen dir, die Telefonnummer deiner Giftnotrufzentrale griffbereit zu haben, um schnell reagieren zu können, wenn dein Hund eventuell etwas Giftiges gefressen hat. Auf der Webseite vom Bundesamt für Verbraucherschutz und Lebensmittelsicherheit findest du eine Übersicht der Giftnotrufnummern, sortiert nach Region. Schreibe die passende Nummer heraus oder besser noch: Speichere sie direkt auf deinem Handy ab.

Menge Als Orientierung kannst du mit 1 TL frische, zerkleinerte Kräuter bzw. Beeren pro 10 kg Hundegewicht am Tag rechnen.

Aufgepasst! Einige Wild- bzw. Küchenkräuter enthalten viele ätherische Öle. Setze sie nicht ein, wenn dein Hund an Epilepsie erkrankt ist. Zudem wirken einige Kräuter auf die Milchproduktion ein, sodass sie bei Scheinschwangerschaft oder Trächtigkeit nicht geeignet sind.

Topping-Tipp Nutze, so oft es geht, Beeren und Kräuter: Hier reicht schon ganz wenig, um deinen Hund mit wertvollen Pflanzenstoffen zu versorgen.

UNSERE TOP 10 DER KÜCHENKRÄUTER

Küchenkraut	Hinweise
Basilikum	leicht antibakteriell, mögen Hunde in der Regel gerne
Dill	gut bei Neigung zu Blähungen, appetitanregend
Kerbel	aktiviert die Verdauung
Koriander	entgiftend, appetitanregend
Liebstöckel	harntreibend, bei Blähungen
Melisse	entspannend und entkrampfend
Oregano	antibakteriell
Petersilie	harntreibend
Pfefferminze	entspannt die Verdauung
Rosmarin	kann belebend wirken

Intensiv schmeckende Kräuter schrecken Hunde nicht ab.

Obst und Gemüse

Grundsätzlich ist dein Hund nicht auf die Fütterung von Obst und Gemüse angewiesen, denn Nährstoffe, wie zum Beispiel Vitamine, erhält er durch sein eigentliches Futter in ausreichender Menge.

Obst und Gemüse liefern aber Faserstoffe, die für eine gut funktionierende Verdauung nötig sind. Diese Faserstoffe bewirken,
– dass der Nahrungsbrei durch den Verdauungstrakt wandert.
– dass die Darmmotorik und der Kotabsatz gut funktioniert.
– dass die „guten" Darmbakterien genügend „Futter" erhalten.

Faserstoffe - bunt und gesund.

Wenn das Futter deines Hundes arm an Faserstoffen ist, kannst du durch die Zugabe von Obst und Gemüse den Darm unterstützen. Neben den genannten Funktionen der Faserstoffe, v. a. im Bereich der Verdauung, liegt ein weiterer gesundheitlicher Vorteil von Obst und Gemüse in den sekundären Pflanzenstoffen, die wir dir schon bei den Kräutern vorgestellt haben. Sekundäre Pflanzenstoffe können beispielsweise entzündungshemmend und zellschützend wirken sowie antibakterielle Eigenschaften mitbringen. Hunde, die ein selbst zusammengestelltes Futter bekommen, erhalten in der Regel einen pflanzlichen Anteil und dadurch eine Variation an sekundären Pflanzenstoffen. Hunde, die konventionelles Futter wie Trocken- oder Nassfutter fressen, bekommen in der Regel gar keine oder nur sehr wenige sekundäre Pflanzenstoffe, da diese über den Verarbeitungsprozess des Futters zerstört werden. Bei einer solchen Fütterung kannst du daher die positiven Effekte der sekundären Pflanzenstoffe über gezielte Zugaben in den Napf bringen.

DIESE OBSTSORTEN EIGNEN SICH ALS NAPF-TOPPING

Obst	Hinweise
Ananas	nur überreif und sparsam verfüttern
Apfel	Kerne können gefüttert werden
Aprikose	Stein muss entfernt werden
Banane	sehr kalorienreich, sollten in größeren Mengen gedünstet werden (verursacht sonst Durchfall)
Birne	Kerne können gefüttert werden
Blaubeere	frisch und in großen Mengen leicht abführend
Brombeere	das perfekte regionale Sommerobst
Erdbeere	nur überreif verfüttern; hohe Pestizidbelastung
Feige	reich an Zucker, nur sparsam füttern
Granatapfel	nur die Kerne füttern
Himbeere	gibt es im Sommer zum Selbstpflücken im Wald
Johannisbeere	reich an Vitamin C
Kirsche	Stein entfernen
Kiwi	nur überreif und sparsam verfüttern; das enthaltene Enzym Actinidain verändert Konsistenz und Geschmack von Molkereiprodukten und ist allergen
Mango	muss geschält werden
Melone	alle Arten von Melonen sind fütterbar
Papaya	enthält das Enzym Papain: unterstützt die Verdauung
Pfirsich	Kern entfernen
Pflaume	sparsam nutzen: kann Durchfall auslösen, Kern entfernen
Quitte	nur gekocht nutzen
Stachelbeere	reich an Vitamin C

GEMÜSESORTEN IM ÜBERBLICK

Gemüse	Infos	Hinweise zur Zubereitung
Blumenkohl	in kleinen Mengen nutzen	Kochen erhöht die Verträglichkeit, roh füttern geht
Brokkoli	entzündungshemmend	Kochen erhöht die Verträglichkeit, roh füttern geht
Chicorée	enthält Bitterstoffe, kleine Mengen nutzen	am besten roh füttern
Endivien	enthält Bitterstoffe, kleine Mengen nutzen	am besten roh füttern
Feldsalat	enthält Oxalsäure; nicht zu viel füttern	Kochen reduziert die Oxalsäure, roh füttern geht
Fenchel	magenfreundlich durch ätherische Öle, speziell im Geschmack	am besten roh füttern
Gurke	enthält viel Wasser	am besten roh füttern
Karotte	Möhrengrün mitnutzen	Kochen erleichtert die Verarbeitung, roh füttern geht
Kartoffel	enthält viel Stärke: verträgt nicht jeder Hund, Nachtschattengewächs	Kochen ein Muss
Knollensellerie	magenfreundlich durch ätherische Öle, speziell im Geschmack	Kochen erleichtert die Verarbeitung, roh füttern geht
Kohlrabi	Blattgrün kann auch genutzt werden	am besten roh füttern
Kürbis	Hokkaido muss nicht geschält werden, ansonsten Speisekürbisse wie Spaghetti- oder Butternutkürbis	Kochen erleichtert die Verarbeitung, roh füttern geht
Mangold	enthält Oxalsäure; nicht zu viel füttern	Kochen reduziert die Oxalsäure, roh füttern geht
Paprika, rot	grüne und gelbe Paprika nicht füttern	am besten roh füttern
Pastinake	schmeckt süßlich, enthält Inulin: gut für den Darm	Kochen erleichtert die Verarbeitung, roh füttern geht
Radieschen	Radieschengrün mitnutzen; enthält Scharfstoffe, daher nur kleine Mengen	kann roh gefüttert werden

Gemüse	Infos	Hinweis zur Zubereitung
Rotkohl	zellschützend	Kochen erhöht die Verträglichkeit
Rucola	enthält Bitterstoffe, kleine Mengen nutzen	kann roh gefüttert werden
Rote Bete	zellschützend, enthält Oxalsäure, nicht zu viel nutzen	Kochen reduziert die Oxalsäure, kann roh füttern geht
Spargel	erhöht die Urinmenge und verändert den Geruch	Kochen erhöht die Verträglichkeit, roh füttern geht
Spinat	enthält Oxalsäure; nicht zu viel füttern	Kochen erhöht die Verträglichkeit, roh füttern geht
Süßkartoffel	enthält roh Oxalsäure, daher besser kochen	Kochen erleichtert die Verarbeitung, roh füttern geht
Staudensellerie	zellschützend, speziell im Geschmack	kann roh gefüttert werden
Tomate	nur reif nutzen, enthält unreif Solanin	Kochen erhöht die Verträglichkeit, roh füttern geht
Wirsing	mit kleinen Mengen starten	Kochen erhöht die Verträglichkeit, roh füttern geht
Zucchini	Sommergemüse, schmecken sie bitter: entsorgen!	kann roh gefüttert werden

Menge Als Orientierung kannst du mit 1 bis 2 EL pro 10 kg Hundegewicht am Tag rechnen.

Topping-Tipp Füttere bevorzugt regionales und saisonales Obst und Gemüse.

Aufgepasst! Nicht im Napf landen sollten Zwiebelgewächse, rohe Kartoffeln, Avocados, Weintrauben/Rosinen, unreife Paprika, unreife Tomaten, Auberginen und rohe Hülsenfrüchte, da sie giftig oder unverträglich sind.

Eine große Auswahl ist nicht nötig. Orientiere dich am besten an der Saison.

1

2

1. Geriebener Apfel als Hausmittel.
2. Das enthaltene Pektin kann Durchfälle lindern.

FAVORITEN

Nachfolgend möchten wir drei Obst- und Gemüsesorten hervorheben, die sich aus unterschiedlichen Gründen besonders als Napf-Topping eignen.

Apfel

Bei leichten Durchfällen kann die Zugabe von geriebenem, leicht braunem Apfel hilfreich sein. Durch das Reiben werden lösliche Faserstoffe wie Pektin freigesetzt, die größere Mengen Wasser binden und bei Durchfällen den Nahrungsbrei im Darm andicken können. Zudem bildet das Pektin eine Art Gel, das die Darmbewegungen reguliert und gleichzeitig auch die Darmschleimhaut schützt.

Banane

Bananen sind Dickmacher, denn im Vergleich mit anderen Obstsorten enthalten sie mit 96 kcal auf 100 g sehr viel Energie. Neben den Kalorien hat die Banane auch gesundheitliche Vorteile. Vor allem in unreifen Bananen stecken viele präbiotische Substanzen, die vorteilhaft für die Darmgesundheit sind: Sie dienen den guten Darmbakterien als „Nahrung". Je reifer die Banane wird, desto mehr der Präbiotika bauen sich ab. Willst du den Darm deines Hundes unterstützen, so sollte die Banane dafür noch grün sein. Die reife Banane ist hingegen zuckerreicher und kann somit ein Energiekick sein, wenn dein Hund zum Beispiel im Sport geführt wird oder einen sehr aktiven Lebensstil hat. Ebenso können reife Bananen besser verdaut werden. Immer wieder wird die Banane auch bei Durchfällen empfohlen. Zwar enthält die Frucht, wie beim Apfel, viele Pektine, aber gleichzeitig wird die Verdauung durch den hohen Zuckeranteil in der Banane beschleunigt. Wir empfehlen die Banane daher nicht bei Durchfall.

Heidelbeeren

Die Heilwirkung der Heidelbeere wurde schon im 16. Jahrhundert von der Äbtissin Hildegard von Bingen beschrieben. Die Früchte enthalten bioaktive Nährstoffe, die auf unterschiedliche Weise positiv auf die hündische Gesundheit einwirken können. Wichtig ist, dass du nicht die Kulturheidelbeere als Napf-Topping nutzt, sondern ihre „wilde" Verwandtschaft. Wilde Heidelbeeren haben im Vergleich mit anderen Obstsorten die höchste antioxidative Kraft und sind damit zellschützend. Ausschließlich in Bezug auf die wilden Heidelbeeren wurden bisher positive Effekte auf den Verdauungstrakt beschrieben, beispielsweise eine entzündungshemmende Wirkung. Füttere Heidelbeeren am besten roh püriert. Alternativ greifst du auf das Pulver oder den Saft von wilden Heidelbeeren zurück.

Knollensellerie

Der Knollensellerie ist eine wahre Wunderknolle. Das enthaltene ätherische Öl Phthalid beruhigt beispielsweise einen gereizten Magen und Darm, wirkt antibakteriell, regt die Verdauung an und ist krampflösend. Der enthaltene sekundäre Pflanzenstoff Apiin macht den Knollensellerie leicht verdaulich, regt den Stoffwechsel an und sorgt dafür, dass Blähungen reduziert werden. Knollensellerie verfügt über eine gute Kombination aus unlöslichen Ballaststoffen und einem hohen Wasseranteil. Das beugt Verstopfungen vor und kann bei Verdauungsstörungen helfen.

Möhre

Die Möhre gehört zu den Doldenblütlern, ist sehr beliebt und dir als „Moro-Suppe" bestimmt bekannt. Es gibt bunte Möhren und sogar eine wilde Form. Die Wilde Möhre ist eine Urform unserer heutigen kultivierten Möhre und darf auch für Hunde genutzt werden. Möhren enthalten besonders viel Betacarotin, das für die Orangefärbung verantwortlich ist. Weitere Pflanzenstoffe,

1. Blaubeeren frisch vom Strauch ...
2. ... oder als Pulver.

1

2

die du schon von anderen Obst- und Gemüsesorten kennst, sind die Anthocyane: Sie kommen in der lilafarbenen Möhre vor. Möhren haben aufgrund der enthaltenen Pflanzenstoffe entzündungshemmendes Potenzial und können Herz-Kreislauf-Erkrankungen vorbeugen. Das Rezept zur „Moro-Suppe“ kannst du im Kapitel Erste Hilfe bei Durchfall siehe Seite 153 nachlesen.

Rote Bete

Das Wurzelgemüse hat einen hohen Gehalt an Faserstoffen sowie Nährstoffen und Antioxidantien. Hervorzuheben ist das Antioxidans Betanin, das der Bete ihre intensive Farbe verleiht. Studien geben Hinweise darauf, dass Betanin sich positiv auf Entzündungsprozesse und die Herzgesundheit auswirken kann. Hunde mögen den Geschmack von Bete gerne, was u. a. am Inhaltsstoff Geosmin liegen kann, der dem Gemüse den typisch erdigen Geschmack verleiht. Rote Bete enthält höhere Mengen an Oxalsäure, die mit Calcium aus dem Futter reagiert. Es können sich hierdurch Harnsteine bilden. Da Oxalsäure zu einem Großteil in das Kochwasser übergeht, empfehlen wir, die Bete zu kochen und das Kochwasser zu entsorgen. Du kannst neben der Roten Bete auch die andersfarbigen nutzen.

Du hast die Wahl: Gelbe, Rote bzw. Weiße Bete oder Ringelbete.

Aufgepasst! Obst enthält viel Fruchtzucker. Neigt dein Hund zur Moppeligkeit? Dann wähle als Napf-Topping am besten grünes Gemüse. Auch bei Verdauungsproblemen wie Bauchgeräuschen, Durchfall oder Sodbrennen ist Obst oft nicht die beste Wahl, da die enthaltenen Fruchtsäuren die Magen- und Darmschleimhaut reizen.

Topping-Tipp Wenn dein Hund kein großer Fan von Pflanzen im Napf ist, beginne mit einer kleinen Menge und teste dich durch. Vor allem Sorten, die etwas intensiver schmecken (Brokkoli, Fenchel), oder solche, die eine süßliche Note haben (Möhre, Pastinake), mögen viele Hunde gerne. Andere bevorzugen eher geschmacksneutrale Sorten wie Zucchini.

1

2

1. Gemüse verarbeiten: Du kannst es dünsten bzw. kochen.

2. Viele Sorten kannst du auch roh pürieren.

VERARBEITUNG

Damit dein Hund die pflanzlichen Fasern und auch die sekundären Pflanzenstoffe aus dem frischen Obst, Gemüse und Kräutern aufnehmen kann, müssen die Zellen aufgeschlossen, also zerstört werden. Dies ist nötig, da Hunden die entsprechenden Enzyme zur Aufspaltung überwiegend fehlen, die zum Beispiel ein Pferd oder auch der Mensch hat. Nur wenn die Pflanzenzellen zerkleinert werden, sind die Inhaltsstoffe für deinen Hund verwertbar. Es gibt drei Möglichkeiten, wie du dies umsetzen kannst:

– durch Raspeln oder Pürieren.
– durch Erhitzen wie Dünsten, Kochen oder Backen.
– durch Walzen beim Entsaften.

Natürlich dürfen auch rohe Obst- und Gemüsestücke als Knabberspaß im Napf landen, ebenso der Trester, der entsteht, wenn du Obst und Gemüse entsaftest. Trester enthält Faserstoffe in konzentrierter Form und ist somit wertvoll für den Darm. Achte hier darauf, dass nur bekömmliche Sorten im Napf landen (keine Weintrauben und Zitrusfrüchte nur in sehr kleinen Mengen).

Topping-Tipp Wenn es schnell gehen muss, eignen sich auch Obst- oder Gemüsegläschen für Babys als Ersatz für selbst gemachtes Obst und Gemüse. Im Handel gibt es hier eine große Auswahl an Gläschen wie Möhre, Pastinake, Kürbis oder auch Obstgläschen mit Beeren. Im Handel findest du auch Obst- und Gemüseflocken, die eine Zeitersparnis bringen. In den Flocken ist durch die Verarbeitung der Gehalt an sekundären Pflanzenstoffen geringer, sodass Frisches immer wertvoller ist. Weitere Einsatzideen für Obst und Gemüse sind:

– Zur Belohnung: in Trainingstuben oder Gemüsestücke als Leckerli.
– Zur Beschäftigung: gefüllter Kong mit Püree aus Obst oder Gemüse, Babygläschen auf einer Schleckmatte.
– Als Wasser-Topping: etwas Gemüsesaft ins Wasser geben.
– Zur Tablettengabe: Medikament in etwas Banane drücken und füttern.

IDEE: DAS SCHLECK-ERLEBNIS

Nutze hierfür rote Spitzpaprika und fülle diese mit Frischkäse. Dein Hund kann die Paprika dann ausschlecken und komplett fressen. Gut funktioniert dies auch mit einem ausgehöhlten Apfel oder einer Gurke.

MIT NAPF-IDEEN
DURCH DEN ALLTAG

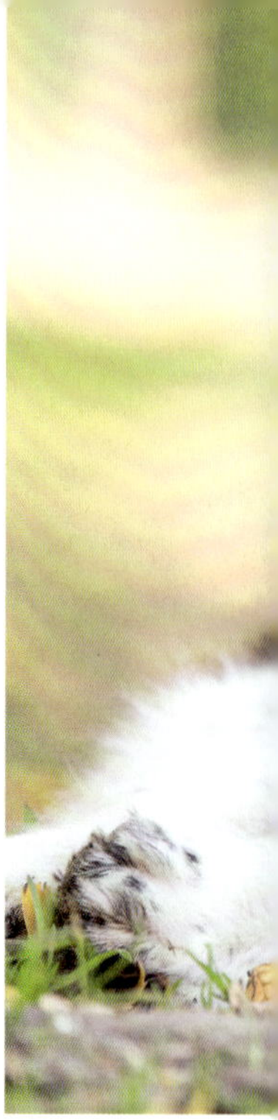

Pimpen von Fertigfutter

Wir lieben es alle, unseren Hunden etwas Gutes zu tun: unser eigenes Essen zu teilen oder ihnen etwas Leckeres zu kaufen. Wir möchten dich daher ermutigen, den Napf deines Hundes immer mal wieder mit Toppings zu pimpen, die Spaß und Genuss bereiten.

Dabei musst du nicht in speziellen Hundebedarfsläden einkaufen, sondern kannst Wildkräuter und -früchte von der Gassirunde mitbringen oder dort einkaufen, wo du selbst shoppen gehst: im Supermarkt, im Drogeriemarkt oder sogar in der Apotheke. Auf diese Weise kannst du die Napf-Toppings in euren Alltag integrieren und sie kosten dich keine Zusatzzeit.

ALLTAGS-ANREGUNGEN

Wir haben dir nachfolgend vier Anregungen für den Alltag mit Napf-Toppings mitgebracht:

Grünes in den Napf Das Grün von Möhren, Kohlrabi, Radieschen und vielen weiteren Sorten kannst du zusammen mit etwas Öl und Nüssen, wie zum Beispiel Walnüssen, und Parmesan zu einem Pesto mixen. Das ist nachhaltig und es wäre viel zu schade, das Grün zu entsorgen, stecken doch viele wertvolle Pflanzenstoffe darin.

Resteverwertung Du kannst deinem Hund die Reste deines Essens servieren, sofern sie für ihn geeignet sind. Beispielsweise darf in den Napf der Trester von Gemüsesäften, die du für dich selbst herstellst, oder die Kartoffel bzw. Nudeln, die du nicht aufgegessen hast.

Der Drogeriemarkt Der Drogeriemarkt ist ein Eldorado für Napf-Toppings. Von gepopptem Getreide über Ghee bis hin zu Babygläschen und Säften kannst du dich inspirieren lassen.

Die Apotheke Zugegebenermaßen denkst du bei Futterergänzungen nicht zuerst an eine Apotheke. Dabei ist hier das Angebot groß. Neben reinen Säften wie Heidelbeer-, Löwenzahn- und Rote-Bete-Saft gibt es dort auch Sobamin, Kräuter und Tees in hoher Qualität.

FERTIGFUTTER AUFWERTEN

Wenn du konventionelles Futter nutzt, ist dieses mehr (Trockenfutter) oder weniger (Nassfutter) verarbeitet. Hitze und andere Prozesse sorgen dafür, dass Pflanzenstoffe, Fettsäuren und Antioxidantien vielleicht in der Deklaration auftauchen, aber faktisch für deinen Hund nicht mehr im Futter als wertvoller Bestandteil vorhanden sind.

Langweiliges Fertigfutter? Du kannst aus jedem Futter noch mehr rausholen.

Daher ist es besonders bei verarbeitetem Futter eine hervorragende Idee, solche Napf-Toppings zu verwenden, die die Schwächen des Futters ausgleichen und es aufwerten können.

– **3-6-9-Öl** Durch die Verarbeitungsprozesse gehen Fettsäuren verloren, die jedoch für die Gesunderhaltung grundlegend sind. Mit 1 TL eines Fisch- oder 3-6-9-Öls pro 10 kg Hundegewicht pimpst du das Futter mit gesundheitsförderlichen Omega-3-Fettsäuren.

– **Frisches Obst, Gemüse oder (Wild-)Kräuter** Durch den hohen Gehalt an sekundären Pflanzenstoffen ergänzen sie eine Fütterung perfekt. Wir empfehlen vor allem Wildkräuter. 1 TL Kräuter bis 1 EL Obst und Gemüse pro 10 kg Hundegewicht verleihen dem Futter täglich einen Kick an Pflanzenstoffen, gerne saisonal und regional.

– **Enzymreiches** Hierunter fallen Sprossen, Microgreens, aber auch Apfelessig und Fermentiertes. Die enthaltenen Enzyme sorgen für „Lebendigkeit" im Napf und toppen jedes Futter, das mit Hitze in Kontakt kam.

Du kannst, musst aber nicht aufwendig pimpen.

DEIN ALLTAG LIEFERT GENÜGEND IDEEN.

Du musst nicht zwingend spezielle Produkte für Napf-Toppings kaufen, sondern kannst dich an dem bedienen, was deine Küche hergibt.

Mit Napf-Toppings durch die Woche

Damit du eine Vorstellung davon bekommst, wie du Napf-Toppings über die Woche verteilt einsetzen kannst, haben wir dir eine Beispielwoche erstellt:

Montag Du entsaftest Möhren und Äpfel für dich. Den Saft trinkst du, einen Teil des Tresters bekommt dein Hund in den Napf.
Dienstag Heute ist Hundeschulzeit. Nach zwei Stunden im Regen ergänzt du das Futter mit aufgewärmter Knochensuppe vom Rind.
Mittwoch Bei der Vorbereitung für dein Abendessen nutzt du Apfelessig für dein Salatdressing. Eine kleine Menge Apfelessig gibt es als Stoffwechselunterstützung zum Futter dazu.
Donnerstag Du bist im Drogeriemarkt unterwegs und nimmst für deinen Hund eine Joghurt-Alternative auf Kokosbasis mit. Diese pürierst du mit Beeren, streichst damit die Napfwand aus und erhöhst somit das Schleck- und Fressvergnügen.
Freitag Bei dir gibt es heute Fischsuppe. Ein bisschen gekochter Lachs oder Kabeljau ist somit das heutige Napf-Topping.
Samstag Auf der Gassirunde sammelst du Walnüsse. Hiervon landet eine kleine Menge in gemahlener Form im Napf.
Sonntag Für die ganze Familie gibt es Omelette – natürlich auch für deinen Hund, nur ohne Gewürze, dafür mit ein paar Kräutern wie Giersch und Löwenzahn, die du am Vortrag im Garten aus dem Blumenbeet geholt hast.
Für einen gesunden Hund liefert dein Alltag eine Fülle an Inspirationen für Napf-Toppings. Aber Vorsicht, es besteht Suchtgefahr und bald wirst du überall nur noch Napf-Toppings sehen.

1. Apfelessig ist ein Klassiker aus dem Vorratsschrank.
2. Eier eignen sich zum kreativen Pimpen.

1

2

Mit Napf-Toppings durchs Jahr: Kuren- und Smoothie-Kalender

Wir geben dir eine unkomplizierte Jahreszeitenübersicht mit sinnvollen Napf-Toppings an die Hand, die du als Smoothies oder in Pulverform nutzen kannst.

Smoothies, passend zur Jahreszeit, sind darüber hinaus eine wundervolle Art, deinem Hund auf der einen Seite Flüssigkeit zuzuführen und ihn auf der anderen Seite mit wertvollen Pflanzenstoffen zu versorgen. Wir greifen hier auf regionale und saisonale Kräuter und Gemüse- bzw. Obstsorten zurück. Du kannst hiervon gerne einen großen Klecks füttern. Die Smoothie-Idee bezieht sich auf 0,5 Liter Wasser mit je einer Handvoll Gemüse bzw. Kräuter.

Smoothies liefern Pflanzenstoffe und Flüssigkeit.

1

2

Frühling

Im Frühling versorgen wir deinen Hund mit viel Grün – das ist gut für den Stoffwechsel und zudem nährstoffreich: Gerstengras, Wildpflanzenpulver (Kruut) oder Spirulina. 1 TL pro 10 kg Hundegewicht am Tag.
Smoothie-Idee: Erdbeeren, Gurken, Klettenlabkraut, Spargel

Sommer

Im Sommer versorgen wir deinen Hund mit Napf-Toppings, die erfrischend sind und die Fließeigenschaften des Blutes verbessern: Apfelessig, Fischöl oder Sauerkraut (milchsauer vergoren und nicht pasteurisiert). 1 TL pro 10 kg Hundegewicht am Tag.
Smoothie-Idee: Gänseblümchen, Johannisbeeren, Melone, Zucchini

Herbst

Im Herbst stärken wir deinen Hund und sein Immunsystem: Blaubeerpulver, Brennnesselsamen oder Hagebuttenpulver. 1 TL pro 10 kg Hundegewicht am Tag.
Smoothie-Idee: Birnen, Brennnesselblätter (und/oder -samen), Brombeeren, Feldsalat

Winter

Im Winter unterstützen wir den Darm deines Hundes und nutzen aufbauende Toppings: Ghee, Inulin oder Klettenwurzelpulver. 1 TL pro 10 kg Hundegewicht am Tag.
Smoothie-Idee: Brokkolisprossen, Cranberries, Granatapfelkerne, Grünkohl

1. Die Welt der Sprossen bietet viel Abwechslung.

2. Sammle ausreichend Brennnesselsamen im Spätsommer.

Topping-Tipp

Die Ideen sind unendlich. Sei mutig und probiere dich aus. Dennoch empfehlen wir dir pro Jahreszeit, nicht alle Napf-Toppings parallel einzusetzen. Entscheide dich für eine oder zwei Ideen und nutze diese dann konstant über vier bis sechs Wochen.

Christianes drei Lieblinge bei den Futterergänzungen

Meine Mini-Aussies Erna und Hedi wissen (hoffentlich) das Pimpen ihrer Näpfe zu schätzen, denn ich liebe es wirklich sehr und schaue mir vieles im Supermarkt an, um zu entscheiden: Wäre das nicht als Napf-Topping geeignet? Da ich gesunde Hunde habe, kann ich all das nutzen, was uns Spaß macht. Meine drei Favoriten sind:

Omelette

Hier verwende ich ausschließlich Eier von Hühnern aus Freilandhaltung. Ich lebe selbst vegetarisch und achte darauf, dass die Produkte für meine Hunde, die tierischer Herkunft sind, zuvor ein gutes Leben hatten. Beim Omelette gefällt mir, dass ich es pur nutzen oder wiederum mit Napf-Toppings pimpen kann. Außerdem ist es ein wahrer Genuss, den Hunden beim Omelette-Fressen zuzuschauen.

Beeren

Die Beeren kommen bei uns in allen Variationen in den Napf. Im Sommer am liebsten frisch vom Strauch: Mit den Walderdbeeren fängt die Beerenzeit an und es folgen Himbeeren, Heidelbeeren und Brombeeren. Im Spätsommer folgen die Früchte der Hundsrose (Hagebutten), Weißdorn und Schlehe. Meine Hunde snacken die Früchte direkt vor Ort vom Strauch. Ansonsten sammle ich auch einige für den Winter. Zudem nutze ich auch gerne Pulver oder Saft von Waldheidelbeeren.

Kräuter von der Gassirunde

Wir nennen es liebevoll „Kräutergassi". Sobald die ersten Kräuter im Frühjahr zu sehen sind, bis in den November hinein, nehmen wir fast täglich frisches Grün mit nach Hause: Bärlauch, Löwenzahn, Schafgarbe. Vogelmiere ist sogar fast das ganze Jahr sammelbar. Es reichen schon zwei bis drei Blätter, die fein aufgeschnitten im Napf landen. Im Frühling intensivieren wir das Kräutergassi noch mit frischen Brennnesseln und Klettenlabkraut, die wir kurweise als Tee bzw. Saft verwenden – sowohl Erna und Hedi als auch ich. Mit dem Kräutergassi haben wir ein gemeinsamens Hobby gefunden, das uns allen ganzjährig Spaß macht.

MIT NAPF-TOPPINGS DURCH DAS HUNDELEBEN

VON ANFANG AN VIELES RICHTIG MACHEN!

In der Welpenzeit ist weniger mehr. Achte auf Qualität und lasse dich nicht von Werbeversprechen leiten.

Napf-Toppings in der Welpenzeit

Die Welpen- und Junghundezeit ist eine aufregende Zeit: arbeitsintensiv, aber wunderschön. Die Lebensphase „Welpenzeit" umfasst die ersten vier Lebensmonate.

Hier muss der Welpe lernen, in unserer Welt zurechtzukommen, und auch auf körperlicher Ebene spielen sich viele Entwicklungsprozesse ab. An die Welpenzeit schließt sich die Junghundezeit an. Wir stellen dir nach folgend verschiedene Momente im Welpen- und Junghundealter vor sowie Napf-Toppings für gesundheitliche Herausforderungen bzw. zur Unterstützung in dieser Zeit. Vorab können wir dir schon verraten: Gerade in der Welpenzeit ist weniger mehr. Warum?

DIE ORALE TOLERANZ

Die Verdauung des Welpen muss lernen, Nahrungsbestandteile in „Freund" und „Feind" zu unterscheiden. Die orale Toleranz beschreibt hierbei die Fähigkeit des Immunsystems, auf Nahrungsmittel nicht mit einer übertriebenen Antwort zu reagieren. Es entwickelt somit eine Toleranz gegenüber einem Großteil an körperfremden Stoffen, wie beispielsweise Proteine, die der Welpe über die Fütterung aufnimmt. Dies ist ein Lernprozess des Immunsystems, der durch eine intakte Darmschleimhaut und verschiedene Zellen des Immunsystems reguliert wird. Es hält sich hartnäckig das Gerücht, dass ein Welpe in der ersten Lebensphase möglichst viel kennenlernen sollte, v. a. unterschiedliche Futterarten mit verschiedenen Proteinquellen: Das ist aber nicht korrekt. Um die Ausbildung der oralen Toleranz nicht zu stören, sollte dein Welpe Nahrungsbestandteile nach und nach kennenlernen dürfen. Es reichen hier ein bis zwei Proteinquellen aus, z. B. Rind und Huhn. Je mehr verschiedene neue Informationen beispielsweise aus dem Futter gleichzeitig im Organismus ankommen, umso wahrscheinlicher ist es, dass die orale Toleranz nicht bei allen Futterbestandteilen erreicht wird. Das gilt auch für Kauartikel und Leckerlis. Beschränke dich in der Welpenzeit auf die Fütterung und führe Futterergänzungen schrittweise ein. Zudem empfehlen wir, in der Welpenzeit bei Napf-Toppings auf Kohlenhydrate zu verzichten, da Welpen erst nach und nach das Enzym ausbilden, das für die Stärkeverdauung zuständig ist.

Tipp

Ein Zuviel von allem kann die Basis für die Entstehung von Allergien und Unverträglichkeiten sein.

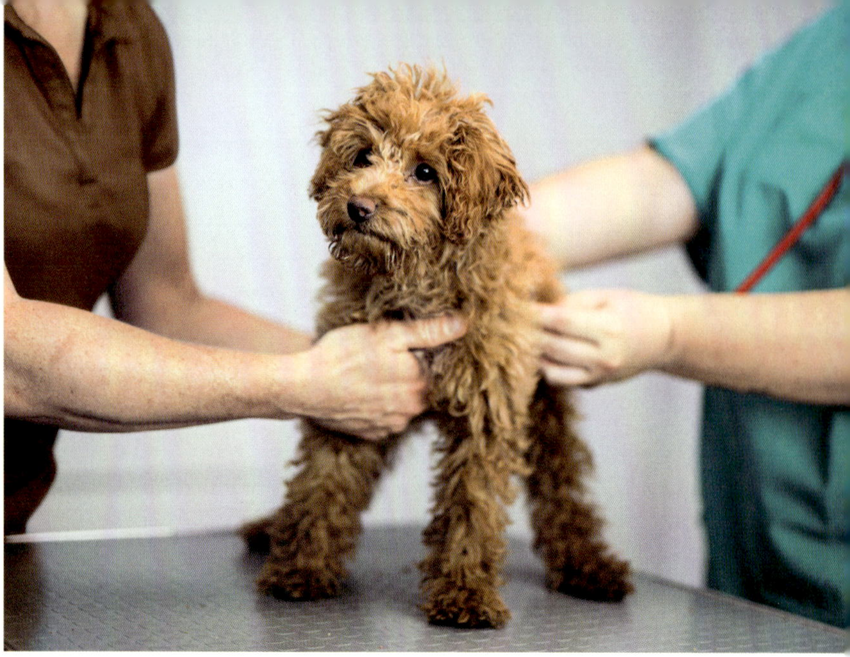

Bei Wehwehchen helfen Hausmittel: Frag deine Tierarztpraxis.

IMMUNSYSTEM

Die Entwicklung des hündischen Immunsystems beginnt mit der Aufnahme von Kolostrum, der Erstmilch. Welpen nehmen sie von der Mutter direkt nach der Geburt auf und erhalten Nährstoffe und Antikörper, die vor allem das Immunsystem anregen und anfangs auch den Organismus schützen. In den ersten Wochen kommt es dann zur Ausbildung von weißen Blutkörperchen und zur ersten Bildung von Antikörpern – wie ein Auto, das erstmalig betankt wird und dann ganz langsam anfährt. Im Zuge der Auseinandersetzung mit der Umwelt lernt das Immunsystem nach und nach dazu und bildet verschiedene Mechanismen zur Abwehr von Krankheitserregern aus. In dieser Zeit beginnen auch die Impfungen zum Aufbau einer Grundimmunisierung. Bis zum ersten Lebensjahr ist der Aufbau des Immunsystems dann weitgehend abgeschlossen.

DIE ERSTEN IMPFUNGEN

Eine Impfung bedeutet für einen Welpen viel mehr Arbeit als für einen erwachsenen Hund, denn der Organismus ist in dieser Zeit mit einer Reihe an weiteren Prozessen des Erwachsenwerdens beschäftigt und das Immunsystem steckt noch mitten im Lernprozess. Daher ist es bei einem Welpen umso wichtiger, nur dann zu impfen, wenn er gesund ist. Kämpft das Immunsystem gerade mit einer anderen Erkrankung oder steckt er im Zahnwechsel? Verschiebe den Termin lieber. Wenn eine Impfung stattfindet, können danach gerade bei jungen Hunden vermehrt Verdauungsprobleme wie Durchfall auftreten. Daher empfehlen wir dir, zwei Tage vor der Impfung bis zwei Tage danach Schonkost zu füttern wie gekochtes Hühnerfleisch und gekochtes Gemüse. Das entlastet die Verdauung vorsorglich. Ebenso solltest du in der Zeit Wasser zum Futter geben, damit die Nieren gut durchgespült werden.

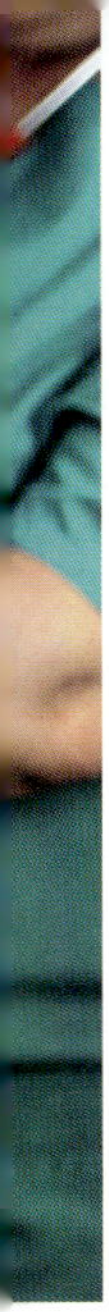

NAPF-TOPPINGS RUND UMS „IMPFEN“

Sobamin, Selen in Form von Kokos- oder Paranuss, große Klette und Spirulina. Du musst nicht alle nutzen.

Steckbrief: Sobamin

Sobamin ist ein schwarzes Pulver, das natürliche Huminstoffe, sogenannte Huminsäuren, enthält. Sie beruhigen die Verdauung und stärken das Immunsystem. Zudem säuert es den Nahrungsbrei an, sodass Futter besser verdaut werden kann. Auch aufgrund der leicht bindenden und ausleitenden Eigenschaften kann dieser Futterzusatz den Kot wieder stabilisieren. Sobamin sollte in keiner Hundehausapotheke fehlen und kann bei Durchfall zum Einsatz kommen – auch für einen längeren Zeitraum. Du bekommst es in der Apotheke.

Menge als Pulver 3 g pro 10 kg Hundegewicht – einmal am Tag. Sobald dein Hund im Rahmen einer Impfung mit Verdauungsproblemen reagiert, solltest du Sobamin nutzen, bis sich die Beschwerden verbessern.

Aufgepasst! Bitte nicht zusammen mit Medikamenten verabreichen. Es verfärbt den Kot dunkel, aber das ist normal.

Steckbrief: Kokosraspel/ Paranüsse

Kokosraspel und auch Paranüsse enthalten höhere Mengen des Spurenelements Selen. Selen kann die Toxizität von enthaltenen Impfzusatzstoffen mindern, da es sie bindet und auf diese Weise aus dem Körper ausleitet.

Menge als Raspel/Nüsse 1 TL pro 10 kg Hundegewicht – einmal am Tag. Du kannst Kokosraspel oder Paranüsse für 2 bis 3 Wochen nach der Impfung als Napf-Topping verwenden.

Aufgepasst! Wenn dein Hund noch sehr jung ist, nutze nur eine der vorgestellten Nussarten, damit im Kontext der oralen Toleranz nicht zu viel Unterschiedliches auf das heranwachsende Immunsystem einprasselt.

1. Brombeerblatter, Gänsefingerkraut, Sobamin: Top bei Durchfall.

2. Kokosraspel kannst du auch in Leckerlis einbacken.

1

2

Steckbrief: Große Klette (Arctium lappa)

Die Wurzel der Großen Klette (Klettenwurzel) hat so viele positive Eigenschaften, dass nicht alle hier Platz finden. Sie ist u. a. blutreinigend und entgiftend, wobei sie sowohl Leber als auch Nieren als Entgiftungsorgane unterstützt. Sie stärkt das Lymphsystem und hilft somit beim Abtransport der Impfnebenstoffe.

Menge als Pulver 2 g Klettenwurzel pro 10 kg Hundegewicht – einmal am Tag. Du kannst das Pulver bereits eine Woche vor der Impfung füttern und dann für weitere 14 Tage danach.

Aufgepasst! Klettenwurzel wird zwar sehr gut vertragen, aber wenn dein Hund Umweltallergien hat, teste die Klettenwurzel vorsichtig ohne den Kontext einer Impfung.

Topping-Tipp Klettenwurzel ist nährstoffreich und verbessert auch die Haut- und Fellgesundheit. Daher eignet sie sich für eine Kur beispielsweise auch im Fellwechsel.

Steckbrief: Spirulina

Spirulina ist eine nicht jodhaltige Alge mit einer hohen Dichte an Proteinen, Vitaminen, Spurenelementen und Antioxidantien. Die Alge enthält viel Phycocyanin – ein Fänger von freien Radikalen, sodass die Zellen vor oxidativem Stress geschützt werden. Spirulina bindet ebenso Impfnebenstoffe.

Menge als Pulver 2 g Pulver pro 10 kg Hundegewicht – einmal am Tag. Du kannst das Pulver bereits eine Woche vor der Impfung nutzen und dann für weitere 14 Tage danach.

Aufgepasst! Spirulina kann den Kot grünlich einfärben, wird ansonsten aber sehr gut vertragen. Achte beim Einkauf auf eine Schadstoffprüfung, denn Spirulina fällt immer wieder durch Verunreinigungen auf.

Topping-Tipp Auch eine längere Kur ist möglich: Spirulina enthält viele Mikronährstoffe, die bis in die kleinsten Zellen vordringen, ist zellschützend und entzündungshemmend.

1

2

1. Die Große Klette kannst du im Wald nicht verfehlen.

2. Spirulina liefert Mikronährstoffe.

Häufiges Urinieren und plötzlich nicht mehr stubenrein sein kann auf eine Blasenentzündung hinweisen.

ANFÄLLIGKEIT FÜR INFEKTIONEN

Da sich das Immunsystem noch in der Entwicklung befindet, besteht bei Welpen eine etwas höhere Anfälligkeit für Infektionen. Typisch sind hier zum Beispiel Blasenentzündungen (Zystitis). Dabei kommt es durch Bakterien, die über die Harnröhre emporwandern, zu einer Entzündung der Harnblase. Hündinnen sind aufgrund ihrer Anatomie häufiger von Blasenentzündungen betroffen als Rüden. Du kannst deinen Hund in dieser Zeit mit Napf-Toppings unterstützen und dadurch die Blasenentzündung in den Griff bekommen. Besprich mit deiner Tierarztpraxis, ob die Gabe von Antibiotika nötig ist. Die Bakterien, die eine Blasenentzündung auslösen, gehören oft zu denen, die Resistenzen zeigen und auf Antibiotika schlecht ansprechen bzw. die Entzündung tritt nach dem Absetzen der Antibiose erneut auf. Über Napf-Toppings verfolgen wir vor allem zwei Ziele:

- Durchspülen reduziert die Verweildauer der Bakterien in der Blase. Dazu kannst du mehr Wasser oder auch Knochenbrühe, verdünnte Gemüsesäfte wie Möhrensaft oder Buttermilch zum Futter geben. Achte in der Zeit darauf, dass dein Hund häufiger als üblich die Möglichkeit bekommt, sich zu lösen.
- Desinfektion mithilfe von Pflanzen, die antibakteriell wirken. Hier empfehlen wir eine bewährte Mischung aus verschiedenen Zusätzen.

NAPF-TOPPINGS RUND UM „BLASENENTZÜNDUNG“

Vitalpilz Polyporus, Goldrute als Teil einer durchspülenden und antibakteriellen Teemischung, Cranberrysaft. Du musst nicht alle nutzen.

Steckbrief: Vitalpilz Polyporus umbellatus

Polyporus wird auf Deutsch „Eichhase“ genannt. Er gehört zur Gattung der Stielporlingsartigen und kommt aus China. Der komplette Pilz kann bis zu 20 kg wiegen und wird seit über 1 000 Jahren als natürliches Antibiotikum verwendet. In Kombination mit seiner harntreibenden Wirkung eignet er sich gut bei Blasenentzündungen.

Menge als Extrakt 1 Kapsel (300 – 350 mg) pro 10 kg Hundegewicht – verteilt auf 2 Gaben. Die Kapsel kann geöffnet werden. Beende die Gabe erst nach zwei Wochen, auch wenn die Blasenentzündung vorher schon abgeklungen ist.

Steckbrief: Goldrute (Solidago virgaurea)

Die Goldrute ist die große Heilpflanze mit Bezug zu Niere und Blase. Verwendet wird immer die blühende Pflanze: Die Blüten sind reich an Flavonoiden, dem Pflanzenstoff mit einem umfangreichen Wirkungsspektrum, sodass die Goldrute neben ihrer positiven Effekte auf die Blase deinem Hund auch insgesamt guttut. Sie wirkt antibakteriell und durchspülend, verhilft zur Entspannung der Muskulatur und ist entzündungshemmend sowie schmerzstillend. Zudem unterstützt sie das Immunsystem. Zusammen mit Brennnesselblättern sowie Ackerschachtelhalm in der Teemischung wird die durchspülende Wirkung erhöht.

STECKBRIEF: CRANBERRY (VACCINIUM MACROCARPON)

Die sogenannte Kranichbeere enthält viel Vitamin C und verfügt über Pflanzenstoffe, die antibakteriell wirken (vor allem gegen Escherichia coli, Proteus mirabilis, Staphylococcus aureus – Keime, die eine Blasenentzündung auslösen können), entzündungshemmend sind und verhindern können, dass sich die Bakterien an der Blasenschleimhaut festsetzen. Die Beeren ergänzen die Wirkung des Vitalpilzes, stärken das Immunsystem und können das Rückfallrisiko von Blasenentzündungen senken.

Menge als Saft 10 ml pro 10 kg Hundegewicht – verteilt auf 2 Gaben. Nutze den Saft für 2 Wochen.

Aufgepasst! Bei Hunden, die Probleme mit Sodbrennen haben, kann der konzentrierte Saft die Magenschleimhaut leicht reizen. Versuche es dennoch und verdünne den Saft mit Wasser.

Cranberry-Saft bekommst du im Supermarkt.

REZEPT DURCHSPÜLTEE

1

2

3

– **100 g Goldrute (Solidaginis herba)**
– **50 g Brennnesselblätter (Urticae folium)**
– **50 g Ackerschachtelhalm (Equiseti herba)**

Lasse den Tee entweder in der Apotheke vor Ort oder in einer Online-Apotheke (z. B. Meine Teemischung) zusammenstellen. Wenn es schnell gehen muss, kannst du auch nur Goldrute und Brennnessel nutzen. Diese Kräuter bekommst du in jeder Apotheke.

Menge als Tee Stelle aus 5 g der Mischung und 250 ml kochendem Wasser einen Tee her und füttere 100 ml des Tees pro 10 kg Hundegewicht – verteilt auf 2 bis 3 Gaben. Beende die Gabe erst nach zwei Wochen, auch wenn die Blasenentzündung vorher schon abgeklungen ist.

Aufgepasst! Nicht nutzen, wenn dein Hund eine eingeschränkte Nierenfunktion hat.

1. Die Goldrute wächst an Wegesrändern und blüht von August bis Oktober.

2. Brennnesseln kennt jeder, aber nicht immer ihre positiven Eigenschaften.

3. Ackerschachtelhalm erhöht die Urinproduktion und hilft beim Durchspülen.

Der Kontakt mit Parasiten trainiert das Immunsystem.

ANFÄLLIGKEIT FÜR MAGEN-DARM-PARASITEN

Welpen sind als Folge des sich noch im Lernmodus befindlichen Immunsystems in der Regel auch anfälliger für Magen-Darm-Parasiten. Begünstigt wird die Anfälligkeit zudem davon, dass Welpen ihre Umwelt intensiv erforschen. Dazu gehört auch, dass Sachen in das Maul genommen werden, die ggf. mit Parasiten belastet sind. Parasiten sind nicht grundsätzlich schlimm, denn es kommt auf die Art und die Menge an. Sie übernehmen in der ersten Lebensphase sogar die wichtige Aufgabe, das Immunsystem zu trainieren. Kommt es zu einem Befall, wirkt sich das bei Welpen oft intensiver aus, da der junge Hund nur wenige Reserven hat, um Nährstoffmängel zu kompensieren, die durch parasitenbedingte Verdauungsstörungen hervorgerufen werden können. Vor allem Infektionen mit Giardien treten in der Welpen- und Junghundezeit vermehrt auf. Bei Giardien handelt es sich um Einzeller, die den Darmtrakt befallen. Sie ernähren sich von Kohlenhydraten und von der Darmschleimhaut. Die Parasiten werden v. a. durch das Abschlucken der Giardienzysten aufgenommen. Diese befinden sich beispielsweise am Kot von infizierten Hunden. Die Zysten öffnen sich im Dünndarm, setzen sich an der Darmschleimhaut fest und vermehren sich. Ein ausgebildetes Immunsystem kann die Giardien in

Propolis ist ein Allrounder
und darf in jede Hundehausapotheke.

Tipp
Vor allem bei Giardien lohnt der Blick auf die Hundeernährung, da du über eine angepasste Fütterung sehr viel erreichen kannst.

Schach halten und im besten Fall selbst loswerden. Anders gestaltet es sich, wenn das Immunsystem gestört oder noch nicht vollständig entwickelt, also noch in der Trainingsphase ist, wie es bei Welpen vorkommt. Typisch für Giardien sind der schleimige Kot und oft auch ein spezieller Kotgeruch. Eine länger andauernde Infektion führt zu Symptomen wie Juckreiz, struppigem Fell, Bauchweh, Gewichtsabnahme, weniger bzw. mehr Hunger, gestörte Nährstoffaufnahme usw.
Bei der tierärztlichen Behandlung von Giardien kommen vor allem Medikamente mit Fenbendazol oder Metronidazol zum Einsatz, aber auch ein naturheilkundlicher Weg ist möglich. Bei jeder Giardieninfektion sollte parallel zur Medikamentengabe und darüber hinaus eine Darmunterstützung durch Synbiotika erfolgen, um die Darmgesundheit langfristig wiederherzustellen. Im Kapitel Darmunterstützung, Seite 114, gehen wir noch detaillierter auf das Thema Darmaufbau ein.

NAPF-TOPPINGS RUND UM „GIARDIEN“

Propolis und Synbiotikum bzw. Fermentiertes.

Steckbrief: Propolis

Propolis ist das Kittharz der Bienen. Damit halten sie ihren Bienenstock frei von Einzellern, Pilzen und vielen Arten von Keimen. Neben der reduzierenden Wirkung auf Keime hat Propolis einen stärkenden Effekt auf das Immunsystem. Entscheidest du dich für eine naturheilkundliche Herangehensweise bei Giardien, sollte es im Napf landen.

Menge als Pulver 0,5 g pro 10 kg Hundegewicht – verteilt auf 2 Gaben. Beende die Gabe nach 3 Wochen.

Aufgepasst! Propolis wird selten nicht vertragen: Teste es an der Schenkelinnenseite deines Hundes (Pulver mit etwas Wasser mischen und Stelle einreiben). Es sollte innerhalb von 24 Stunden keine Rötung entstehen.

Topping-Tipp Im Kontext mit den Giardien bietet sich auch die Buttermilch mit antiparasitären Kräutern nach Swanie Simon an. Du findest das Rezept im Kapitel Molkereiprodukte – alles von der Kuh, siehe Seite 35.

Steckbrief: Synbiotikum

Eine Kombination aus Probiotikum und Präbiotikum wird Synbiotikum genannt. Ein Präbiotikum besteht aus unverdaulichen Ballaststoffen, die den Darmbakterien als „Nahrungsquelle“ dienen. Dazu zählt beispielsweise Inulin (kommt u. a. vermehrt in Gemüse wie Pastinake oder Topinambur vor). Dagegen handelt es sich bei einem Probiotikum um lebende Mikroorganismen, wie beispielsweise Bifido- und Lactobakterien, aber auch Enterokokken. Fütterst du diese Bakterien zu, kannst du positive Entwicklungen im Darm anstoßen und so helfen, ein gestörtes Darmmilieu wieder zu stabilisieren. Ein Synbiotikum sollte folgende Merkmale aufweisen:

– Das Produkt enthält nicht nur Bakterienstämme, sondern auch Präbiotika als Bakterienfutter.
– Es ist frei von Geschmacksstoffen, Nebenerzeugnissen oder allergenen Bestandteilen wie Bierhefe.
– Eine hohe Anzahl an unterschiedlichen Bakterienstämmen wäre wünschenswert: Die Anzahl sollte bei mindestens 5 x 10^10 koloniebildenden Einheiten liegen.

Menge als Pulver Du kannst dich an der Herstellerempfehlung orientieren. Empfehlenswerte Produkte sind beispielsweise Digest & Immune von Pahema, Pro Bio Immun von DHN oder SivoMixx von Napfcheck. Setze das Produkt ein, bis es aufgebraucht ist, und bewahre es im Kühlschrank auf.

Topping-Tipp Das Synbiotikum sollte auf jeden Fall zur Anwendung kommen – ganz unabhängig davon, für welche Art der Giardien-Therapie du dich entschieden hast.

Fermentiertes

Das Fermentieren ist die älteste Konservierungsmethode der Welt, denn vor der Erfindung des Kühlschranks und der Gefriertruhe wurden Lebensmittel mithilfe der Fermentation haltbar gemacht. Wenn wir für unsere Hunde Gemüse fermentieren, geht es uns nicht um die Haltbarmachung, sondern um das, was bei der Fermentation noch passiert. Auf jedem

Gib dem Immunsystem deines Hundes eine Chance, sich selbst zu helfen.

Gemüse lebt eine kleine Menge an Milchsäurebakterien. Während der Fermentation verstoffwechseln diese Milchsäurebakterien Glucose und Ballaststoffe zu Milchsäure und Kohlendioxid. Es handelt sich somit um eine Milchsäuregärung. Krank machende Keime wie Pilze und Bakterien auf dem Gemüse sterben dagegen bei der Fermentation ab, sodass fermentiertes Gemüse lange haltbar ist. Das Gemüse bekommt den typisch säuerlichen Geruch und Geschmack, den du beispielsweise von Sauerkraut kennst.
Fermentiertes Gemüse ist „lebendige" Nahrung für unsere Hunde und durch die Milchsäure sehr gesund. Die Fütterung von Fermentiertem hat viele Vorteile für den Darm:
– Sie fördert eine gesunde Darmschleimhaut und hilft dabei, dass der Darm wieder in ein Gleichgewicht kommt.
– Sie senkt den pH-Wert im Darm: schlecht für krank machende Keime, Parasiten und Pilze, förderlich für die „guten" Mikroorganismen.
– Sie ernährt die „guten" Bakterien der Darmflora, die sich dadurch erholen, ausbreiten und die Darmflora stabilisieren können. Das ist besonders nach Medikamentengaben sinnvoll.

Rezept Gemüse fermentieren

Du kannst Gemüse einfach selbst fermentieren und brauchst dafür:

- **Salz (Meer-, Stein- oder Himalayasalz)**
- **Wasser**
- **Fermentierglas oder Einmachglas mit Bügelverschluss**
- **Fermentiergewicht (kann auch eine kleine Tasse sein), damit das Gemüse jederzeit komplett mit Flüssigkeit bedeckt ist**
- **Gemüse (zum Start eignen sich Möhren, Pastinaken, Fenchel, Kürbis, Knollensellerie oder Rote Bete)**

So geht's:

Hände und Gemüse waschen, Gemüse schälen und in die gewünschte Größe schneiden oder raspeln. Geraspeltes Gemüse muss später nicht mehr püriert werden. Fermentierglas und -gewicht heiß auswaschen oder auskochen und abtrocknen. Benutze bitte kein Spülmittel. Das Gemüse muss in das Glas, möglichst ohne viel Luft: Stopfen ist die Devise. Ein Stößel oder Muskelkraft helfen. Stelle eine Salzlake mit 2 % her, die das Gemüse zum Start vor Keimen schützt – das sind 20 g Salz auf 1 Liter Wasser. Bedecke das Gemüse vollständig mit Lake und beschwere es mit einem Gewicht. Es darf kein Gemüse oben schwimmen. Verschließe das Glas im Anschluss. Stelle das Glas an einen hellen Ort ohne direkte Sonneneinstrahlung. Wenn es stark blubbert, öffne es, um das Gas entweichen zu lassen – sonst kann das Glas platzen. Ab ca. dem fünften Tag kannst du das Gemüse verfüttern. Der Rest darf weiter fermentieren oder du beendest den Prozess (wird sonst sehr sauer), indem du das Glas in den Kühlschrank stellst. Arbeite immer mit einem sauberen Löffel, wenn du Gemüse entnimmst.

Menge als Püree oder Raspel

Starte mit ½ TL und erhöhe die Menge auf 1 TL pro 10 kg Hundegewicht – einmal am Tag. Als Napf-Topping kommt Fermentiertes immer mal wieder zum Futter oder als Kur für 4 bis 6 Wochen.

Topping-Tipp

Fermentierte Lebensmittel gibt es auch im Supermarkt, vor allem Sauerkraut. Achte beim Kauf darauf, dass das Produkt milchsauer vergoren und nicht pasteurisiert ist. Ansonsten hast du keinen Effekt, denn pasteurisierte Lebensmittel wurden erhitzt und Milchsäurebakterien sind nicht mehr vorhanden. Im Biomarkt oder der Kühltheke findest du Sauerkraut, das den Kriterien entspricht.

WÜRMER & CO.

Gerade im Welpen- und Junghundealter sind neben Giardien auch Würmer ein größeres Thema, da das Immunsystem noch nicht voll ausgereift ist und mitunter nicht alleine mit den Darmparasiten klarkommt. Um deinen jungen Hund jetzt – und auch später – präventiv zu unterstützen, bieten sich antiparasitäre Napf-Toppings an. Sie sind in ihrer Wirkung jedoch begrenzt und bei einer Verwurmung nicht ausreichend effektiv, sodass eine konventionelle Parasitentherapie erfolgen sollte – immer angepasst an die Wurmart. Sie können auf zwei Wegen parasitenabweisend sein: über ihre Beschaffenheit (Mechanik) oder ihre Pflanzenstoffe.

„ANTIPARASITÄRE" NAPF-TOPPINGS

Beifuß, Kokosraspel, Möhrenraspel, Oregano, Petersilie, Thymian, Walnussblätter.

Steckbrief: Antiparasitäre Mischung

Möhren- und Kokosraspel übernehmen aufgrund ihrer Struktur eine „darmputzende" Aufgabe. Die anderen Kräuter punkten über die Pflanzenstoffe, die auf Parasiten wie ein Nervengift wirken und zudem das Milieu im Darm parasitenfeindlich gestalten. Das liegt vor allem an einem höheren Anteil an ätherischen Ölen, Bitter- und Gerbstoffen. Die Kombination aus verschiedenen Bestandteilen

1. Oregano kann frisch oder getrocknet übers Futter gegeben werden.

2. Beifuß enthält viele Bitterstoffe.

3. Kokosraspel „putzen" den Darm.

1

2

3

macht die Mischung effektiver als ein Einzelkraut. Möhren eignen sich auch frisch gerieben.

Menge der Mischung 3 g pro 10 kg Hundegewicht – einmal am Tag. Eignet sich zweimal im Jahr als Kur von 6 bis 8 Wochen.

Topping-Tipp Es gibt in diesem Bereich einige fertige Produkte, die eine gute Zusammensetzung haben, wie beispielsweise die Produkte WermiX von Anifit oder Worm Protect von Pahema. Zudem solltest du regelmäßig den Kot deines Hundes auf Parasiten testen lassen, damit du weißt, wann du eingreifen musst.

ZAHNWECHSEL

Die Milchzähne, die sich in der Regel ab der dritten Lebenswoche entwickelt haben, werden im dritten bis vierten Lebensmonat durch das bleibende Gebiss ersetzt. Hierbei fallen die Milchzähne aus und die bleibenden Zähne brechen durch. Bei den meisten Hunden ist der Zahnwechsel bis zum sechsten Monat abgeschlossen. Während des Zahnwechsels juckt die Kauleiste oft, die Hunde haben ein erhöhtes Knabberbedürfnis, das Zahnfleisch kann gereizt sein und zum Teil können auch weitere Beschwerden auftreten. Während des Zahnwechsels kann es durch die Verletzungen des Zahnfleischs ebenso zu einem metallischen Mundgeruch kommen. Typisch für die Zeit ist auch, dass Welpen beim Erkunden ihrer Umwelt Sachen fressen, die eigentlich nicht fressbar sind. Du hast Sorge, dass es sich um einen Nährstoffmangel handelt? Das ist selten der Fall. Vielmehr handelt es sich um normales Welpenverhalten. Sei daher zurückhaltend mit Futterergänzungen, die einen vermeintlichen Mangel ausgleichen sollten.

Möhren sind wahre Allrounder. Sie helfen geraspelt gegen Parasiten, gekocht bei Durchfall und gekühlt beim Zahnwechsel.

An das Zähneputzen sollte jeder Hund gewöhnt werden.

NAPF-TOPPINGS RUND UM „ZAHNWECHSEL“

Auch wenn Welpen noch keinen Zahnstein haben, ist die Welpenzeit eine gute Zeit, mit dem Zahnputztraining zu beginnen. Obwohl die Neigung zu Zahnstein individuell unterschiedlich ist, sollte jeder Hund das Zähneputzen kennen. Nutze einen Fingerling oder eine Zahnbürste für Babys und etwas Kokosöl oder eine selbst zusammengestellte Zahnpasta.

REZEPT ZAHNPASTA

- **2 TL Kokosöl**
- **½ TL Natron (Natriumbikarbonat)**
- **2 Messerspitzen Propolispulver**
- **optional: ein paar Messerspitzen getrocknete und gemörserte Pfefferminze**

Das Kokosöl erwärmen, beispielsweise in der Mikrowelle oder im Wasserbad. Wichtig! Es soll nur schmelzen, nicht kochen. Dann werden Natron, Propolis und ggf. die Pfefferminze eingerührt. Gib alles in ein sauberes Schraubgefäß und lagere die Zahnpasta im Kühlschrank.

Aufgepasst! Meide die im Handel angebotenen Pulver zur Vermeidung von Zahnstein. Diese enthalten fast immer jodhaltige Algen. Zu viel Jod kann zu Problemen mit der Schilddrüse führen.

Steckbrief: Eibisch (Althaea officinalis)

Beim Eibisch handelt es sich um eine Pflanze, die zur Familie der Malvengewächse gehört. Zum Einsatz kommt die getrocknete Wurzel. Die Eibischwurzel enthält einen hohen Anteil an Schleimstoffen, welche gereizte Schleimhäute beruhigen können. Zudem sind Polysaccharide mit entzündungshemmenden Eigenschaften enthalten. Rühre das Pulver aus der Eibischwurzel mit kaltem Wasser zu einem eher festen Brei an. Um den Effekt der Entzündungshemmung noch etwas zu fördern, kannst du Eibisch mit Kamillentee oder Schafgarben-Hydrolat vermischen.

Menge als Brei 1 bis 2 EL pro Tag gekühlt auf die Kauleiste auftragen.

Aufgepasst! Wenn dein Hund starke Zahnschmerzen hat, bitte in einer Tierarztpraxis vorstellen, denn es können auch andere Zahnerkrankungen die Ursache sein. Bitte nicht zusammen mit Medikamenten verabreichen.

Topping-Tipp Für eine bessere Akzeptanz kann der Brei mit etwas Leckerem wie Leberwurst vermischt werden.

Kauoptionen: Das geht und das eher nicht

Nicht wenige HundehalterInnen füttern ihrem Welpen in der Zeit des Zahnwechsels Knochen, um das Kaubedürfnis zu stillen. Von Knochen als Napf-Topping raten wir dir dringend ab, wenn dein Hund nicht roh gefüttert wird. Einerseits können zu harte Knochen den empfindlichen Zähnen schaden, andererseits kann dies zu starken Verdauungsproblemen bis hin zu Verstopfungen führen. Darüber hinaus liefern Knochen zusätzliches Calcium, was bei einer ausgewogenen Ernährung überflüssig ist.
Viel besser als Knochen sind diese selbst gemachten Snacks, um das Zahnfleisch zu kühlen:
– gefrorene Möhre, Pastinake oder Kürbisspalten
– gefrorener Kong mit Joghurt und Beeren oder Babygläschen mit Möhre
– gekühlte Schleckmatte mit gekochtem und püriertem Fleisch

Eibisch hat entzündungshemmende Eigenschaften.

Ein gesunder Bewegungsapparat ist lebenslang ein wichtiges Thema.

BEWEGUNGSAPPARAT

In der gesamten Welpenzeit verknöchert der Bewegungsapparat zunehmend und die Wachstumsfugen, die das Längenwachstum bestimmen, schließen sich. Durch die zunehmende Bewegung entwickelt dein Welpe Muskeln und der Stützapparat aus Bändern und Sehnen bildet sich aus. In dieser Zeit ist eine ausgewogene Fütterung ohne Mängel oder Überversorgungen besonders wichtig. Die Mineralstoffe Calcium und Phosphor nehmen eine Schlüsselrolle bei der Entwicklung des Bewegungsapparats ein. Das Verhältnis dieser beiden Mineralstoffe ist wichtig, denn ein Mangel an Calcium kann dazu führen, dass es zu Störungen in der Knochenentwicklung kommt, während ein Überschuss an Calcium die Phosphoraufnahme behindert. Viele HundehalterInnen haben besonders in der Wachstumsphase das Bedürfnis, den Bewegungsapparat mit Futterergänzungen zu unterstützen. Hier warnen wir allerdings vor unnötigen Calciumzugaben, beispielsweise in Form von Eierschalenmehl oder „Welpenkalk". Die Zufuhr von Calcium und Phosphor sollte in der Regel über das Hundefutter ausbalanciert und bereits gesichert sein. Weitere Ergänzungen mit Calcium können dann ein Ungleichgewicht zwischen Calcium und Phosphor schaffen und eher schaden als nutzen.

Zudem sollte Übergewicht ein Hundeleben lang, aber besonders in der Wachstumsphase, vermieden werden. Sei daher sparsam mit kalorienreichen Napf-Toppings, wenn dein Hund sowieso schon viele Leckerlis erhält, beispielsweise im Training.

Dieser Welpe heißt Ben. Er begleitet dich durch das Buch.

NAPF-TOPPING RUND UM DEN „BEWEGUNGSAPPARAT IM WACHSTUM“

Steckbrief: Grünlippmuschelpulver (Perna canaliculus)

Das Pulver wird aus den fleischigen Teilen der Grünlippmuschel gewonnen. Diese Muschel stammt aus Neuseeland und wird mittlerweile in Aquakulturen vermehrt. In der Muschel sind die Mengen an Omega-3-Fettsäuren, Glykosaminoglykanen und Antioxidantien besonders hoch, sodass sie traditionell zur Stärkung des Bewegungsapparats zum Einsatz kommt. Die Wirkung geht wahrscheinlich auf die entzündungshemmenden Effekte der Omega-3-Fettsäuren zurück. Darüber hinaus wirken die Inhaltsstoffe positiv auf die Bildung von Knorpel ein. Die genauen Wirkungsweisen von Grünlippmuschelpulver sind noch nicht umfassend erforscht. Aufgrund der geringen Nebenwirkungen kann es aber als Unterstützung für den Bewegungsapparat im Wachstum eingesetzt werden.

Menge als Pulver 1 g pro 10 kg Hundegewicht – einmal am Tag.

Topping-Info Du kannst die Gabe beenden, wenn dein Hund ausgewachsen ist, oder es auch dauerhaft nutzen, beispielsweise bei höherer sportlicher Aktivität oder wenn dein Hund einer größeren Rasse angehört.

Aufgepasst! Achte darauf, dass der GAG-Wert deines Pulvers (er gibt an, wie hoch der Gehalt an Glykosaminoglykanen ist) über 3 % liegt. Frag im Zweifel beim Anbieter nach, wenn auf der Webseite keine Information hinterlegt ist. Ein hoher Wert ist ein Qualitätsmerkmal. Wird das Grünlippmuschelpulver nicht vertragen (Juckreiz, Verdauungsprobleme), wähle dann z. B. Kollagen.

HEY BEN!

Da im Verlauf des Buches Futterergänzungen für den Bewegungsapparat immer wieder auftauchen, möchten wir dir Ben vorstellen. Ben ist ein gesunder Labradorwelpe. Er gehört einer Rasse an, die gehäuft unter Erkrankungen des Bewegungsapparats leidet. Präventiv erhält er daher in der Welpen- und Junghundezeit Grünlippmuschelpulver als Futterergänzung.

Napf-Toppings in der Junghundezeit

Mit dem Ende des vierten Lebensmonats ist die Welpenzeit geschafft und du hast vielleicht ein graues Haar mehr und ein Paar Lieblingsschuhe weniger.

Es beginnt die Junghundezeit und die Napf-Toppings, die du bisher kennengelernt hast, sind weiterhin relevant, da Wachstum und viele Entwicklungen der Welpenzeit noch im Gange sind. Die Chance, dass dein Junghund sich mit Giardien infiziert, ist immer noch hoch und auch der Bewegungsapparat durchläuft weitere Wachstumsprozesse. Napf-Toppings und Futterergänzungen aus der Welpenzeit müssen daher nicht verbannt werden. Hinzu kommt beim Junghund eine intensive hormonelle Entwicklung rund um die Pubertät. Je nach Rasse beginnt sie im Alter zwischen 6 und 18 Monaten und ist unter anderem gekennzeichnet von verschiedenen physischen und psychischen Reifungsprozessen. Auch die Geschlechtsreife fällt in diese Zeit. Bei Hündinnen zeigt sich dies deutlich anhand der ersten Läufigkeit. Bei den Rüden kommt es zu einem Anstieg von Sexualhormonen und dem damit verbundenen Interesse an Hündinnen. Diese Zeit ist oft auch eine intensive Trainingszeit, denn der hormonelle Umbau, der im Körper stattfindet, schlägt sich im Verhalten nieder und fordert dich.

Nach der Welpenzeit beginnt das Hormonchaos.

Scheinträchtige Hündinnen bauen Nester und adoptieren Stofftiere.

DIE ERSTE LÄUFIGKEIT UND SCHEINMUTTERSCHAFT

Der Zyklus ist bei Hunden im Gegensatz zu anderen Tieren nicht an eine Jahreszeit gebunden. Wie viele Zyklen eine Hündin im Jahr durchläuft, ist unterschiedlich. Kleine Hunde werden oft schon alle vier Monate läufig, einige große Hunderassen nur einmal im Jahr. Eine gesunde Hündin durchläuft den Zyklus ihr Leben lang: Wechseljahre gibt es nicht. Bei den meisten Hündinnen kommt es zwischen dem 6. und dem 12. Lebensmonat das erste Mal zur Läufigkeit. Auch wenn kein Deckakt stattfindet, leitet der Körper Maßnahmen ein, die denen bei einer Trächtigkeit ähnlich sind: die Scheinschwangerschaft (die Symptome ähneln denen einer Schwangerschaft mit dem Anschwellen des Gesäuges, dem Nestbau etc.) und die Scheinmutterschaft (die Symptome ähneln der reellen Aufzucht von Welpen mit Milcheinschuss, der Verteidigung von „Welpen" etc.). Dies sind Relikte vom Vorfahren Wolf. Im Rudel durfte nur die Leitwölfin trächtig werden. Damit die Jungen bei einem Ausfall der Leitwölfin weiterhin versorgt werden konnten, sollten alle anderen Wölfinnen im Rudel körperlich bereit sein, diesen Job im Notfall zu übernehmen. Deren Körper bereiteten sich daher auch auf die Aufzucht der Jungen vor. Scheinschwangerschaft und Scheinmutterschaft sind damit Instrumente zur Arterhaltung, die jedoch für unsere Haushunde nicht mehr nötig sind. Dennoch handelt es sich um natürliche Vorgänge, die keine Unterstützung benötigen, wenn sie in einem regulären Ausmaß ablaufen.

Tipp

Bei manchen Hündinnen sind jedoch Scheinschwangerschaft und Scheinmutterschaft intensiv ausgeprägt. Hier können Futterergänzungen helfen, besser durch diese Zeit zu kommen.

Veränderungen rund um die Läufigkeit sind ganz normal: Du musst nicht sofort unterstützen.

NAPF-TOPPINGS RUND UM „SCHEINSCHWANGERSCHAFT UND SCHEINMUTTERSCHAFT“

Steckbrief: B-Vitamine

Um die Milchbildung in der Scheinmutterschaft etwas zu reduzieren, kann das Vitamin B6 helfen. Es gibt Hinweise darauf, dass eine Erhöhung des Spiegels an B6 dazu beitragen kann, den Prolaktinspiegel zu senken. Dem Hormon Prolaktin kommt eine Schlüsselrolle bei der Milchbildung zu. Da auch den weiteren B-Vitaminen wichtige Funktionen im Körper zukommen, v. a. bei der Stressregulierung, kann es helfen, in der Zeit der Läufigkeit und der Scheinschwangerschaft einen Vitamin-B-Komplex zu ergänzen, um die Symptome abzumildern.

Menge Vitamin-B-Komplexe findest du beispielsweise bei Napfcheck und Pahema und kannst die dortigen Herstellerangaben nutzen.

Topping-Tipp Überflüssige B-Vitamine werden mit dem Urin ausgespült, sodass es nicht zur Überdosierung kommen kann. Wenn du unsicher bist, ob die Zugabe von B-Vitaminen sinnvoll ist: Damit machst du als Kur nichts falsch.

Steckbrief: Cordyceps sinensis

Der Cordyceps gehört zu den Vitalpilzen und wird auf Deutsch Raupenpilz genannt. Dem Pilz wird eine adaptogene Wirkung zugesprochen und er kann daher überall dort zum Einsatz kommen, wo etwas ausgeglichen werden muss, beispielsweise hormonelle Schwankungen bei der Scheinträchtigkeit oder zu kurze bzw. lange Zyklen. Aufgrund der ausgleichenden Wirkung ist er auch ein Pilz, der Hunden helfen kann, besser mit Stress umzugehen. Die Wirkung geht auf die Stimulierung von Hormonen der Nebennieren zurück. Der Cordyceps eignet sich daher vor allem für Hündinnen, denen Läufigkeit und Scheinschwangerschaft auch auf die Psyche schlagen und die vermehrt mit Ängsten oder Rückzug zu kämpfen haben. Cordyceps kann Hündinnen generell unterstützen, wenn sie in dieser Lebensphase aus der Balance geraten.

Menge als Extrakt 1 Kapsel (300 – 350 mg) pro 10 kg Hundegewicht – einmal am Tag. Die Kapsel kann geöffnet werden. Schleiche den Pilz über eine Woche ein, da es anfangs zu weicherem Kot kommen kann.

Aufgepasst! Intensiviere eine Milchbildung nicht durch die Gabe von folgenden Pflanzen: Anis, Basilikum, Bockshornklee, Brennnessel, Dill, Fenchel, Kümmel, Majoran, Reis, Kartoffeln, Gerste, Hafer oder Kokos.

Topping-Info Starte die Gabe von Cordyceps mit Beginn der Läufigkeit und höre erst am Ende der möglichen Scheinmutterschaft auf.

RÜDEN IM HORMONCHAOS

Auch beim Rüden kommt es in der Junghundezeit zur Geschlechtsreife, was häufig Auswirkungen auf den Appetit, den Verdauungsapparat und das allgemeine Befinden haben kann. Die Anwesenheit von läufigen Hündinnen in der Nachbarschaft kann vor allem junge Rüden aus dem Gleichgewicht bringen. Hier kann es helfen, über Napf-Toppings das hormonelle Gleichgewicht zu unterstützen.

NAPF-TOPPINGS RUND UM „RÜDEN IM HORMONCHAOS“

Vitamin-B-Komplex, siehe Seite 98, Cordyceps, siehe diese Seite, und Eibisch, siehe Seite 93.
Auch beim Rüden kann für ein besseres hormonelles Gleichgewicht der Vitalpilz Cordyceps zum Einsatz kommen, und auch für ihn bietet sich ein Vitamin-B-Komplex an, da Stress den Verbrauch an B-Vitaminen erhöht. Die Empfehlungen zur Menge sind die gleichen wie bei der Hündin.

Hormone: Für den Junghund oft witzig, für uns anstrengend.

Bauchweh

Das Schlecken von Urin und der verbundene hormonelle Stress verursachen bei Rüden ab und zu Magenprobleme. Diese zeigen sich dann in gehäuftem Erbrechen, Lefzen abschlecken, Abschlucken von Speichel usw. In einem solchen Fall können Schleimstoffe hilfreich sein, um die Symptome zu lindern.

Steckbrief: Eibisch (Althaea officinalis)

Eibisch bzw. die Eibischwurzel hast du bereits in Kapitel Napf-Toppings im Zahnwechsel, Seite 93 in diesem Buch kennengelernt. Es handelt sich um ein regionales Produkt und sollte, wenn es vertragen wird, dem Pendant aus Amerika, der Rotulme, (Slippery Elm) vorgezogen werden. Aufgrund der enthaltenen Schleimstoffe kommt die Wurzel typischerweise bei Problemen mit der Magenschleimhaut zum Einsatz.

Wichtig für das Pubertier: Kräftemessen, Spiel und überschäumende Emotionen.

Menge als Pulver 2 g pro 10 kg Hundegewicht mit 30 ml kaltem Wasser vermischen, mindestens 2 Stunden ziehen lassen und in akuten Fällen 2 – 3x am Tag zwischen den Mahlzeiten ins Maul geben.

Aufgepasst! Nicht zusammen mit Medikamenten füttern und den Brei täglich neu herstellen.

Topping-Tipp Statt mit Wasser kannst du das Pulver auch mit Kräutertee anrühren. So erhöhst du den Effekt, die Magenschleimhaut zu beruhigen. Geeignet sind Kamillenblüten, Pfefferminze und Melisse – einzeln oder kombiniert.

Chaos im Gehirn

Die Pubertät ist von vielen Veränderungen geprägt, die auch Einfluss auf das Verhalten haben können. In dieser Zeit ist es für viele Hunde herausfordernd, ihre Emotionen und Impulse zu regulieren und sich zu konzentrieren. Dann kann es unterstützend zum Training sinnvoll sein, mit sogenannten Adaptogenen zu arbeiten. Darunter wird eine Gruppe von Pflanzenstoffen verstanden, die die Widerstandsfähigkeit des Körpers bei Stress erhöhen. Die Adaptogene wirken auf den gesamten Organismus ein, indem sie Stresshormone und die Stressantwort des Körpers regulieren sowie das Immunsystem unterstützen, das durch Stress nicht mehr so effektiv arbeitet. Zudem können Adpatogene konzentrationsfördernd wirken, was in der Zeit der Pubertät häufig besonders nötig ist.

Probleme im Verhalten lassen sich nicht „wegfüttern", aber eine Unterstützung ist möglich.

NAPF-TOPPING RUND UM „PUBERTÄTS- UND TRAININGSSTRESS"

Steckbrief: Rosenwurz (Rhodiola rosea)

Rosenwurz klingt nach einer Pflanze aus dem heimischen Garten, hat ihren Ursprung allerdings in den arktischen Regionen Sibiriens. Wie fast alle Pflanzen, die zu den Adaptogenen gehören, ist der Rosenwurz in seiner Heimat extremen Witterungsbedingungen ausgesetzt. So musste die Pflanze Strategien entwickeln, um mit diesem Stress auszukommen. Die „Goldene Wurzel" ist bekannt dafür, dass sie das Konzentrations-, Lern- und Aufnahmevermögen steigert. Daher wird sie seit Jahrhunderten als Stärkungsmittel genutzt sowie bei Erschöpfungs- und Angstzuständen. Rosenwurz ist dazu in der Lage, die Menge des Stresshormons Cortisol im Körper abzusenken. Die Pflanzenstoffe, die vor allem für die adaptogenen Eigenschaften verantwortlich sind, heißen Rosavin, Rosarin und Rosin.

Menge als Extrakt 100 mg (das entspricht 1 Kapsel) pro 10 kg Hundegewicht – idealerweise verteilt auf morgens und abends. Du kannst die Kapsel öffnen. Es kann dauern, bis eine Wirkung bemerkbar wird. Nutze Rosenwurz daher über mindestens drei Monate. Eine Dauergabe ist durchaus möglich, da hier keine Gewöhnung stattfindet.

Aufgepasst! Hunde mit Leber- oder Nierenerkrankungen sowie trächtige Hündinnen sollten kein Rosenwurz bekommen.

Topping-Tipp Rosenwurz ist auch ein tolles Napf-Topping bei Hunden, die aus dem Tierschutz kommen und sehr aufgeregt sowie von den neuen Eindrücken überfordert sind. Du kannst zusammen mit Rosenwurz auch einen bereits beschriebenen B-Vitamin-Komplex in die Fütterung integrieren (siehe Kapitel Die erste Läufigkeit und Scheinmutterschaft Seite 97).

Weitere Pflanzen, die du bei Stress einsetzen kannst Baldrianwurzel, Echter Lavendel, Hopfen, Johanniskraut, Melisse, Passionsblume (mögliche Produkte: Melisse-Baldrian Kapseln von Raab, Ruhe-Pol und Felsenfest von Naturtreu. Du kannst jeweils ½ Kapsel pro 10 kg Gewicht verwenden). Teste immer nur ein Produkt für einen längeren Zeitraum.

Die Natur bietet passende Pflanzenstoffe.

1. Hydrolate kann man direkt ins Futter sprühen.

2. Große Augen, aber kein Hunger.

1

2

DIE KOMBINATION MACHT'S!

Über Napf-Toppings wirst du nicht erreichen, dass aus deinem aufgeregten Wuselhund ein gechillter Begleiter wird, aber oft können Futterergänzungen als „Türöffner" für das Training fungieren. Hier kann es auch sinnvoll sein, Methoden und Napf-Toppings zu kombinieren. Beispielsweise könntest du dich von deiner Hundetrainerin bzw. deinem Hundetrainer zu einer konditionierten Entspannung beim Hund anleiten lassen und hierfür ein beruhigend wirkendes Hydrolat wie Melisse einsetzen, welches du dann auch ab und zu als Futterergänzung verwendest.

DER MÄKELHUND

Appetitlosigkeit betrifft sowohl einige Hündinnen als auch Rüden – meist dann, wenn die Hormone Stress machen. Wenngleich es bei Rüden eher kürzere Zeitspannen sind, in denen das Futter aus Liebeskummer verschmäht wird, können manche Hündinnen uns mit einer längeren Futterverweigerung regelrecht zur Verzweiflung treiben. Hier hilft häufig eine chemische Reaktion, damit dein Hund wieder mit Genuss frisst: die Maillard-Reaktion. Die Attraktivität von Futter nehmen Hunde überwiegend über ihre Nase wahr. Bei der Maillard-Reaktion

kommt es beim Kochen, Braten und Rösten von Fleisch dazu, dass sich Röstaromen bilden. Der intensive Geruch und Geschmack sorgen für mehr Interesse am Futter.
Wenn Hündinnen oder Rüden schlecht fressen, kann es helfen, ihnen leicht angebratenes oder gekochtes Fleisch zu füttern oder ihr Futter mit etwas Angebratenem zu vermischen. Koche oder brate allerdings nie Knochen, denn das ist lebensgefährlich. Es ist jedoch nichts Unnatürliches, wenn vor allem Hündinnen aus hormonellen Gründen schlecht fressen und sogar abnehmen: Das verlorene Gewicht holen sie wieder auf, wenn der hormonelle Ausnahmezustand vorbei ist. Gleiches gilt für Rüden. Zudem kann es helfen, wenn du für ein bis zwei Wochen die Futtermenge bewusst etwas reduzierst und auf Leckerlis verzichtest. So kannst du etwas Hungergefühl hervorrufen.

Futterverweigerung kann allerdings immer auch ein Hinweis auf eine Erkrankung sein. Wenn du unsicher bist, stelle deinen Hund in der Tierarztpraxis vor und lasse ihn durchchecken.

Topping-Tipp Achte darauf, dass die Napf-Toppings nicht dazu führen, dass dein Hund am Napf zukünftig nur noch frisst, wenn es etwas Leckeres on top gibt.

WEITERE NAPF-TOPPINGS FÜR DEN „MÄKELHUND“

Topping	Verwendung
Harzer Käse oder Parmesan	vermischen oder Futter damit gratinieren
Pansenpulver	Futter bestreuen
Tomatenmark	vermischen
Kokosöl oder Ghee	flüssig untermischen
Inneres vom Markknochen	vermischen
Gekochter Fisch	vermischen
Knochenbrühe	flüssig untermischen

REZEPT HÜHNERBRÜHE

1

2

3

Für viele Hunde richtig lecker und gleichzeitig auch stärkend ist eine kräftige Hühnerbrühe.

– 1 Bio-Suppenhuhn
– eine Handvoll Wurzelgemüse, wie beispielsweise Möhre, Sellerie, Pastinake

Koche das klein geschnittene Wurzelgemüse mit dem Suppenhuhn zwei bis drei Stunden. Entferne dann das Huhn und das zerkochte Gemüse aus der Suppe und löse das Fleisch vom Knochen. Ein Sieb kann hier helfen, damit du keine Knochenstücke übersiehst. Das Fleisch gibst du wieder in die Suppe.

Topping-Tipp Lust, die Suppe noch zu verfeinern? Hier eignen sich frische Küchenkräuter oder Brennnesselsamen. Eine Prise Salz zur Suppe fördert zusätzlich den Appetit. Die Hühnerbrühe kannst du pur verfüttern oder das reguläre Futter damit pimpen.

1. Achte besonders auf die Qualität der Produkte und nimm am besten Bio.

2. Verwende sowohl beim Huhn als auch beim Gemüse regionale Produkte.

3. Kein Bio? Durch das lange Auskochen können Schadstoffe in die Suppe übergehen.

1

Napf-Toppings für den ausgewachsenen Hund

Wenn die Welpen- und Junghundephase geschafft, die meisten Trainingsherausforderungen bewältigt und viele „erste Male“ mit deinem Hund erlebt wurden, kann Alltag auch bei den Napf-Toppings einkehren.

Sofern dein Hund gesund bleibt und sich keine Erkrankungen ergeben, sind nur präventive Napf-Toppings nötig oder weil du ihm einfach etwas Gutes tun möchtest. Wir haben dir Futterergänzungen zusammengestellt, die wir als grundlegend wichtig für die Gesunderhaltung ansehen:

Sicherlich haben sich schon „Lieblings-Toppings“ etabliert.

Unterstützung von Darm, Immunsystem und Entgiftungsorganen. Die Napf-Toppings, die du bereits im vorherigen Kapitel kennengelernt hast, können in der jetzigen Lebensphase auch Sinn machen, wie beispielsweise bei hormonellem Stress oder zur Unterstützung bei Impfungen.

ENTGIFTUNG ODER AUCH „LEBER-AUSZEIT“

Entgiftung – ein großes Wort, das wir überall lesen, oftmals unbedarft nutzen und die Lösung für viele gesundheitliche Probleme unserer Hunde darstellen soll. Tatsächlich ist eine „Entgiftung“ etwas sehr Sinnvolles, aber ist der Begriff richtig gewählt? Neben der Umwandlung von wichtigen Nährstoffen aus der Nahrung in für den Hund verwertbare Nährstoffe ist die Leber 24/7 damit beschäftigt, unsere Hunde wie eine Filteranlage frei von ungesunden Substanzen zu halten: Beispielsweise kommen Pflanzenschutzmittel, die über Obst und Gemüse oder an gespritzten Feldern aufgenommen werden, Hormonbelastungen aus

1. Ein Zeichen einer Leberbelastung ist fehlende Vitalität.

2. Heißt es doch: „Müdigkeit ist der Schmerz der Leber."

2

dem Hundefutter, Medikamente oder andere Stoffe aus der Umwelt über das Blut in der Leber an. Dort werden sie „entschärft", indem die Leber die schädlichen Stoffe umbaut, sodass sie über Kot und Urin ausgeschieden werden. Dabei hat sie für fast jedes „Giftproblem" eine passende Lösung. Die Leber „entgiftet" bereits rund um die Uhr. Warum sollten wir sie dann noch zusätzlich unterstützen? Wenn wir von einer „Entgiftung" sprechen, meinen wir, den Prozess zu intensivieren und die Leber sowie die anderen Organe, wie beispielsweise die Nieren, bei ihren Aufgaben zu unterstützen. Daher sprechen wir im Folgenden von einer „Leber-Auszeit". Wir möchten an dieser Stelle aber noch einen anderen Blick auf die Leber werfen. Sie ist ein Organ, das zeitlebens Großartiges leistet, aber dennoch keine Starqualitäten hat. Anders als das Herz, dessen Aufgabe wir beim Hund über den Herzschlag spüren können, gibt es so etwas für die Leber nicht. Ihr fehlt eine für uns lesbare Sprache, um uns zu vermitteln, dass es ihr schlecht geht. Schlimmer noch: Die Leber selbst kann keine Schmerzen empfinden. Ist sie überlastet, zeigt sie das über unspezifische Symptome und nach einer gewissen Zeit über schlechter werdende Werte der Leberenzyme im Blutbild. Die Leber ist jederzeit bereit, zu helfen, damit sich unsere Hunde nicht (langsam) vergiften. Leberzellen können sich zwar regenerieren, werden aber bei starker Beanspruchung bzw. im Alter weniger leistungsfähig. Über eine regelmäßige Leber-Auszeit können wir sie entlasten und unterstützen. Wir stellen dir hier eine klassische Leber-Auszeit und eine Frühlingsversion vor.

Wann ist eine Auszeit für die Leber sinnvoll?

– nach häufiger bzw. längerer Medikamentengabe
– nach Antibiotikagabe
– bei älteren, aber gesunden Hunden
– nach Impfungen
– nach einer Narkose
– bei Problemen mit der Haut bzw. dem Fell (stumpf, fettig, glanzlos)
– jederzeit bei einem gesunden Hund als Kur

Die Mariendistel solltest du jetzt kennen.

NAPF-TOPPINGS FÜR DIE „KLASSISCHE LEBER-AUSZEIT"

Steckbrief: Mariendistel (Silybum marianum)

Die Mariendistel, auch Leberdistel genannt, gehört zu den bedeutendsten und auch ältesten Heilpflanzen in Europa. Sie verfügt über vier Pflanzenstoffe (Silibinin, Silidanin, Silicristin und Isosilibinin), die zusammen den Wirkstoffkomplex „Silymarin" bilden. Dieser wirkt schützend auf die Leber und verhindert, dass Leberzellgifte in das Zellinnere gelangen können, ist entzündungshemmend und kann bei der Regeneration von Leberzellen helfen. Mariendistel wird seit jeher bei akuten Vergiftungen als Leberschutz eingesetzt. Verwendet werden die Früchte.

Menge als Pulver 0,7 g Mariendistelfrüchte pro 10 kg Hundegewicht – abends füttern. Gib es mindestens für 6 Wochen.

Aufgepasst! Nicht nutzen, wenn eine Allergie gegen Korbblütler bekannt ist. Bei gleichzeitiger Gabe von Medikamenten (beispielsweise Antibiotika) ist eine zeitversetzte Fütterung von 4 Stunden empfehlenswert.

Topping-Tipp Standardisierte Produkte haben einen 80%igen Silymarin-Gehalt. Du bekommst entsprechende Kapseln bei Sunday Natural oder Vitamaze: 400 mg Extrakt pro 10 kg Hundegewicht.

Steckbrief: Chlorophyll

Chlorophyll ist der Farbstoff, der die Pflanzen grün färbt – das sogenannte Blattgrün. Er ist für die Pflanze lebensnotwendig, denn dadurch können Pflanzen erst Photosynthese betreiben. Chlorophyll nimmt dabei das Sonnenlicht auf und leitet die Lichtenergie innerhalb der Pflanze weiter, damit diese aus Kohlendioxid und Wasser Zucker (Stärke) und Sauerstoff herstellen kann. Die Pflanze wächst dadurch, bildet Blätter, Blüten und schließlich Früchte. Chlorophyll wirkt entgiftend, kann Schwermetalle binden und wirkt sich positiv auf Haut und Fell aus.

Menge als Tropfen 10 pro 10 kg Hundegewicht – einmal am Tag und kurweise über 6 Wochen. Es spricht auch nichts gegen eine dauerhafte Nutzung.

Aufgepasst! Die Tropfen können zu grünem und anfangs auch zu weichem Kot führen. Letzteres normalisiert sich.

Topping-Tipp Wenn du regelmäßig grünes Blattgemüse in die Fütterung deines Hundes integrierst, kannst du auch darüber mehr Chlorophyll zuführen.

Mach mehr bei der klassischen Leber-Auszeit

Neben den Futterergänzungen kannst du die Leber-Auszeit intensivieren, indem du die Leber gezielt entlastest und den Abtransport von Stoffwechselendprodukten beschleunigst. Eine Entlastung erreichst du, wenn

- die Gabe von Kauartikeln,
- Gassirunden an gespritzten Feldern,
- Impfungen oder nicht notwendige operative Eingriffe

für einen Zeitraum von vier bis sechs Wochen bewusst vermieden werden. Bei der Fütterung von Fertigfutter kann es eine Idee sein, deinem Hund für die Zeit zur Entlastung der Verdauung Fleisch und Gemüse zu kochen und einen Mineralstoffmix zur Nährstoffabdeckung zu geben. Eine derartig hochverdauliche Fütterung lässt weniger Stoffwechselendprodukte entstehen, die u. a. mithilfe der Leber aus dem Körper geschafft werden müssen. Den Abtransport beschleunigen bedeutet, über stoffwechselanregende, verdauungsfördernde und harntreibende Produkte, sogenannte Antidyskratika, die Verweildauer von Stoffwechselendprodukten im Organismus zu verkürzen. Das erreichst du vor allem über die

- Nutzung von harntreibenden Teemischungen (beispielsweise mit Brennnessel).
- Erhöhung der Trinkmenge (ergänze etwas Wasser oder verdünnten Joghurt zum Futter).
- Einsatz von Bitterstoffen beispielsweise über entsprechende Pflanzen (Chicorée, Rucola, Radicchio).

Kauartikel sind Arbeit für die Leber: Meide sie.

Der Frühling ist perfekt für eine Leber-Auszeit.

DIE LEBER-AUSZEIT IM FRÜHLING

Der Unterschied zur klassischen Leber-Auszeit ist im Frühling die Nutzung von jungen, frischen Trieben der Frühlingskräuter. Hier kannst du auf gekaufte Produkte verzichten und erreichst alle genannten Ziele rein über die Pflanzenstoffe. Bei einer Frühlingskur kannst du die Pflanzen frisch auf eurer Gassirunde pflücken und direkt verarbeiten, beispielsweise zu einem Smoothie. Vor allem im Frühjahr enthalten die Pflanzen besonders viele Mineralstoffe, viel Vitamin C, Senfölglykoside (können eine antibiotikaähnliche Wirkung haben), und sind stoffwechselanregend. Der Frühling bietet sich vor allem zur prophylaktischen Unterstützung der Entgiftungsorgane an. Wir empfehlen dir, für eine Frühlingskur zwei bis drei Pflanzen zu wählen und diese für einige Wochen als Napf-Topping einzusetzen:

– flüssig: als Frischpflanzensaft (selbst entsaften oder kaufen), Tee oder Smoothie
– zerkleinert: sehr fein aufgeschnitten oder gemörsert
– püriert: in Form von Pestos oder Pürees

Menge als Tee 50 ml Tee (zubereitet aus 2 EL der frischen Pflanze und kochendem Wasser; kurz ziehen lassen reicht bei frischen Pflanzen aus).

Menge als Saft/Smoothie 10 ml als Saft und 30 ml als Smoothie jeweils pro 10 kg Hundegewicht und Tag.

Menge als Püree/Pesto 1 bis 2 EL

Topping-Tipp Eine Leber-Auszeit, egal in welcher Form, sollte mindestens vier, besser sechs bis acht Wochen dauern. Zudem kannst du die einzelnen Ideen auch immer mal wieder als Napf-Topping nutzen bzw. in die Fütterung integrieren. Es gibt bei der Leber-Auszeit nur eine Einschränkung: Wenn dein Hund Medikamente erhält, die in den Nieren oder der Leber verstoffwechselt werden (beispielsweise Epilepsie-Medikamente), sollten die verschiedenen Möglichkeiten nur in Absprache mit der Tierarztpraxis umgesetzt werden, damit eine ausreichende Wirkung der Medikamente gewährleistet ist.

UNSERE 6 LIEBLINGSKRÄUTER IM FRÜHLING

	Kraut	Hinweis
	**Brennnessel (Urtica dioica)**	nährstoffreich, entzündungshemmend, durchspülend, im Herbst die Samen nutzen
	**Giersch (Aegopodium podagraria)**	hoher Gehalt an Vitamin C, kaliumreich, harntreibend, stoffwechselanregend, zellschützend
	**Gundermann (Glechoma hederacea)**	Bitterstoffpflanze (enthält Glechomin), gemischt mit etwas Fett (Buttermilch, Kokosöl) kann sie Schwermetalle ausleiten
	**Klettenlabkraut (Galium aparine)**	reich an Kieselsäure, anregend auf die Lymphe, entzündungshemmend, bringt Nährstoffe bis in die kleinsten Gefäße, fördert die Hautgesundheit
	**Löwenzahn (Taraxacum officinale)**	reich an Nährstoffen und verbessert deren Aufnahme, sanfte Bitterstoffe, stärkt die Verdauung
	**Schafgarbe (Achillea millefolium)**	hoher Gehalt an ätherischen Ölen, Bitterstoffpflanze enthält den Pflanzenstoff Achillin (soll den Tod von Leberkrebszellen auslösen können), entzündungshemmend, zellschützend

FIT BIS IN DIE KLEINSTE ZELLE!

Das erreichst du vor allem durch die regelmäßige Nutzung von unterschiedlichen frischen Wildkräutern.

5 Ideen, die eine Leber-Auszeit im Frühling vereinfachen

– Verwende getrocknete Kräuter wie Brennnessel als Tee (Bio-Qualität) oder den „Brings-raus-Tee“ von Pahema (Löwenzahn, Klettenlabkraut und Große Klette) statt frischer Kräuter.
– Füttere fertige Frischpflanzensäfte (z. B. den Saft von Brennnessel, Löwenzahn oder Schafgarbe). Diese verderben allerdings recht schnell, sodass du den Saft max. eine Woche im Kühlschrank aufbewahren solltest. Friere den Rest in Eiswürfelformen ein.
– Wildkräuterpulver aus Brennnessel, Giersch und Löwenzahn (Kruut) ist eine Alternative zu frischen Wildkräutern und sehr alltagstauglich.
– Nutze nur ein Wildkraut, denn eins ist besser als keins.
– Frei Schnauze: Püriere Kräuter einfach mit Wasser und fertig ist ein gesunder Smoothie.

Die kombinierte Leber-Auszeit

Anhand eines Beispiels möchten wir dich ermutigen, verschiedene Maßnahmen zu kombinieren. Es muss nicht ausschließlich die klassische Leber-Auszeit oder die Frühlingsvariante sein. Beides funktioniert auch zusammen recht gut. Zum Beispiel wiegt Sylkes Rüde Indy 20 kg und erhält über sechs Wochen Folgendes:
– Täglich 2 Extrakt-Kapseln Mariendistel von Vitamaze am Abend,
– 100 ml „Brings-raus-Tee“ von Pahema am Morgen,
– 3 EL Gemüse mit extra Bitterstoffen (Rucola) und Löwenzahn von der Gassirunde, 1x am Tag zum Futter ergänzen.
– Weil Frauchen es so gerne mag, landet zudem hin und wieder etwas Pesto mit Giersch im Napf.

REZEPT WILDKRÄUTERPESTO

– 200 g Wildkräuter (beispielsweise Löwenzahn, Giersch, Knoblauchsrauke)
– 5-6 EL Hanföl
– 1 EL Walnüsse

Wildkräuter mit Öl und Nüssen zu einem Pesto pürieren; bei Bedarf mehr Öl ergänzen. In ein Schraubglas füllen und mit Öl bedecken.

Haltbarmachung der Wildkräuter

Du kannst fein geschnittene Wildkräuter in kleinen Formen (beispielsweise Eiswürfel) frosten und dann in einem Zipperbeutel aufbewahren. Das ermöglicht es dir, eine größere Menge in einem Schwung vorzubereiten und von Tag zu Tag bedarfsweise aufzutauen. Das gilt auch für Saft und Smoothies. Kleine Mengen kannst du in Einwegspritzen frosten.

Darmgesundheit ist auch bei Hunden enorm wichtig.

DARMUNTERSTÜTZUNG

Eine Unterstützung für den Darm deines Hundes, wir nennen es auch „Darmaufbau“, ist sicherlich das wichtigste, das du regelmäßig machen kannst und solltest. Warum ist es so wichtig, den Darm fit zu halten? Bei der Darmgesundheit sprechen wir vor allem über zwei Teile des Hundedarms, nämlich den Dünn- und den Dickdarm. Die Darmwand besteht hierbei wie eine Torte aus mehreren aufeinander aufbauenden Schichten und Etagen. Die oberste Schicht, die Schleimhautschicht, ist in fingerartige Ausstülpungen gelegt (die Zotten). Die Zotten bewirken, dass die Oberfläche des Darms vergrößert wird. Auf diese Weise kann auf kleiner Fläche eine große Menge an Nährstoffen aufgenommen werden. Zugleich ist die Schleimhautschicht das Zuhause der Darmbakterien. Die Gesamtheit aller im Darm lebenden Mikroorganismen, inklusive ihrer Gene und Stoffwechselprodukte, wird als Mikrobiom bezeichnet. Zum Teil wird für diese Darm-WG auch der Begriff „Darmflora“ verwendet. Diese Mikroorganismen leben in einer komplexen Gemeinschaft miteinander und beeinflussen sich gegenseitig, aber auch sehr stark die Gesundheit deines Hundes. Als „Bauchhirn“ reguliert das Mikrobiom nicht nur die Verdauung, sondern nimmt Einfluss auf Erkrankungen und wahrscheinlich auch auf das Verhalten. Diversität ist im Darm deines Hundes besonders wichtig: Je vielfältiger die „WG-Mitbewohner“ sind, desto vorteilhafter ist das für deinen Hund. Hierbei sollten vor allem Mikroorganismen zahlenmäßig deutlich überlegen sein, die sich förderlich auf die Hundegesundheit auswirken. Andernfalls resultieren hieraus Verdauungsprobleme und in weiterer Folge ggf. Beschwerden wie entzündliche Darmerkrankungen und Allergien. Das Mikrobiom und die Darmschleimhaut stehen wiederum in einer engen Verbindung und regulieren auch einen Teil der Immunantwort. Wenn das Mikrobiom nicht in Balance ist, wird dies als Dysbiose bezeichnet. Bei einer Darmunterstützung sollten daher alle Schichten und Etagen des Darms berücksichtigt werden: Darmschleimhaut, Immunsystem und Darmbakterien, die sich positiv auf das Mikrobiom auswirken.

Gerade Junghunde sind anfällig für Magen-Darm-Probleme, bis sich das Mikrobiom aufgebaut hat.

Wann ist ein Darmaufbau besonders sinnvoll?

- Allergien und Unverträglichkeiten
- Erkrankungen, die auf ein gestörtes Immunsystem hinweisen, wie häufige Infekte
- Probleme mit Magen und Darm
- Neigung zu Darmparasiten
- Wiederkehrende oder chronische Verdauungsprobleme
- Wenn über eine längere Zeit oder immer wieder Antibiotika zum Einsatz kommen

Bei der Gabe von Antibiotika wird das Ziel verfolgt, krank machende Bakterien zu eliminieren. Hierbei unterscheiden Antibiotika aber nicht zwischen krankmachenden und körpereigenen Bakterien, die nützlich für den Hund sind. Daher bringen Antibiotika das Milieu im Darm durcheinander, indem auch die „guten" Darmbakterien zerstört werden.
Dies wiederum zieht weitreichende Konsequenzen nach sich, denn durch die Dezimierung können sich krank machende Bakterien ausbreiten.
Zwar ist der Darm in der Lage, dieses sensible Gleichgewicht aus der Gemeinschaft an Mikroorganismen auch eigenständig wiederherzustellen, wenn der Hund eine Antibiose erhalten hat oder unter anderen genannten Problemen leidet, aber das dauert Monate. Mit einem Darmaufbau kannst du der entstandenen Dysbiose entgegenwirken.

Bienen liefern nicht nur Süßes, sondern auch Gesundes: Propolis.

NAPF-TOPPINGS RUND UM DEN „DARMAUFBAU"

Wir empfehlen dir einen Darmaufbau in drei Schritten:

1. Schritt 1: Aktivierung des Immunsystems und zeitgleich die Reduzierung der Keimbelastung
2. Schritt 2: Unterstützung für eine gesunde Darmschleimhaut
3. Schritt 3: Stärkung des Mikrobioms

Schritt 1: Propolis

Propolis hast du bereits kennengelernt (Seite 85). Es wirkt aktivierend auf das Immunsystem und macht es widerstandsfähiger. Zudem steigert es die körpereigenen Abwehr- und Selbstheilungskräfte. Durch die Vielzahl der enthaltenen Pflanzenstoffe wirkt Propolis aber auch auf krank machende Keime im Darm ein, sodass es im Rahmen des Darmaufbaus nicht nur das Immunsystem stärkt, sondern auch die Last an krank machenden Keimen reduzieren kann. Das führt zu einem gesunden Darm und somit zu einem widerstandsfähigen Immunsystem.

Menge als Pulver 0,5 g pro 10 kg Hundegewicht – verteilt auf 2 Gaben. Du fütterst es für 3 Wochen.

Aufgepasst! Propolis wird selten nicht vertragen: Teste es an der Schenkelinnenseite (Pulver mit etwas Wasser mischen und die Stelle damit einreiben). Es sollte innerhalb von 24 Stunden keine Rötung entstehen.

Schritt 2: Glutamin

Bei Glutamin handelt es sich um eine Aminosäure als Bestandteil von Proteinen, die als nicht essenzielle Aminosäure eingeordnet wird. Das bedeutet: Dein Hund kann sie selbst bilden und muss sie nicht zwingend über die Fütterung aufnehmen. Im „Normalzustand" produziert der Hundekörper ausreichend Glutamin selbst. Vor allem die Skelettmuskulatur, aber auch die Lungen und das Gehirn sind Glutamin-Großproduzenten. Solche großen Mengen sind auch nötig, denn diese Aminosäure ist an unzähligen Stoffwechselvorgängen beteiligt.

Auch die Zellen im Darm „ernähren" sich von Glutamin. Ist die Darmschleimhaut nicht gesund, kann es zu einer „Undichtigkeit" des Darms kommen und große Proteinstrukturen aus der Nahrung können vom Inneren des Darms in die Blutlaufbahn gelangen. Dies hat im ungünstigsten Fall Entzündungen und Allergien zur Folge. Ein solcher Zustand lässt auch den Bedarf an Glutamin stark ansteigen. Mithilfe dieses Schrittes im Darmaufbau führst du dem Darm deines Hundes diese Extraportion Glutamin zu und stärkst somit die Darmschleimhaut.

Darmgesundheit führt zu einem guten Lebensgefühl.

Diesen Schritt der Darmsanierung kannst du auch unabhängig von den anderen Schritten des Darmaufbaus immer mal wieder umsetzen, wenn sich dein Hund in Extremsituationen wie einem sportlichen Wettkampf befindet oder sehr viel Stress hat. Auch dann braucht er viel Glutamin.

Menge als Pulver 1 g pro 10 kg Hundegewicht – einmal am Tag. Du fütterst es ab Woche 4 für 6 Wochen bzw. bis das Produkt aufgebraucht ist.

Schritt 3: Synbiotikum

Das Synbiotikum haben wir dir bereits auf Seite 45 vorgestellt. Hierbei wird neben den guten Darmbakterien direkt das Futter für diese zugeführt. Du machst mit der Gabe eines Synbiotikums in keiner Phase des Hundelebens etwas falsch.

Menge als Pulver Du kannst dich an der Herstellerempfehlung orientieren. Empfehlenswerte Produkte sind beispielsweise Digest & Immune von Pahema, Pro Bio Immun von DHN oder SivoMixx von Napfcheck. Gib das Produkt ab Woche 10 für mindestens 10 Wochen bzw. bis das Produkt aufgebraucht ist, und bewahre es im Kühlschrank auf.

Topping-Tipp Idealerweise führst du die Schritte des Darmaufbaus nach und nach durch. Schritt zwei und drei kannst du, um Zeit zu sparen, auch parallel umsetzen. Wähle im Laufe des Hundelebens gerne auch immer wieder andere Synbiotika aus, da jedes Produkt einen anderen Impuls setzt und den Darm so vielfältig stärkt. Auch Fermentiertes ist eine gute Option (siehe S. 86).

Ein Potpourri an Bitterstoffen.

1

2

Was auch hilft

Du kannst den Darmaufbau gerne noch intensivieren und folgende Napf-Toppings ergänzend nutzen. Wir empfehlen dir aber, nicht zu viel gleichzeitig zu machen. Diese Ideen eignen sich auch unabhängig vom Darmaufbau, sodass du sie immer mal wieder als Kur zur Darmgesundheit einsetzen kannst:

Menge 1 TL pro 10 kg Hundegewicht je Futterergänzung – einmal am Tag und als Kur für 6 Wochen.

Aufgepasst! Während einer akuten Pankreatitis sollte kein Darmaufbau erfolgen. Warte damit ab, bis die akute Phase vorbei ist, bis du mit den Schritten des Darmaufbaus beginnst.

1. Apfelessig regt den Stoffwechsel an und wirkt antibakteriell.

2. Wildes Blaubeerpulver ist entzündungshemmend und schützt die Zellen.

Topping	Wirkung
Apfelessig	stoffwechselanregend, antibakteriell
Bitterstoffe über Gemüse oder Kräuter	verdauungsfördernd, aktivierend auf das Immunsystem
Wildes Blaubeerpulver	entzündungshemmend, zellschützend
Inulin (als Pulver oder Bestandteil der Wurzeln von Löwenzahn, Wegwarte, Pastinake oder Topinambur)	liefert „Futter" für die guten Darmbakterien, die sich dadurch vermehren können

Sylkes drei Lieblinge bei den Futterergänzungen

Mein Rüde Indy stammt aus dem Tierschutz und ist etwas sensibel in Bezug auf die Fütterung. Entsprechend bin ich auch vorsichtiger mit Neuerungen im Napf und nicht ganz so mutig im Austesten von Napf-Toppings. Meine drei Lieblings-Toppings, die ich immer zu Hause habe, sind:

Sprossen und Microgreens
Ich versuche, Indys Obst- und Gemüse-Mischung zu seiner Fütterung saisonal zu gestalten. Das bedeutet im Winter, dass die Auswahl eher beschränkt ist. Um dennoch ein bisschen Abwechslung an sekundären Pflanzenstoffen zu erreichen, pimpe ich sein Futter mit Sprossen und Microgreens. Besonders beliebt sind hier Brokkolisprossen.

Schleimiges
Indy hatte in der Vergangenheit Schleckanfälle und Probleme mit der Magensäure. Auch heute taucht das Thema immer mal wieder auf, besonders bei Stress. Ihm helfen Schleimstoffe zur Magenberuhigung und sie gehören daher zum festen Pimp-Inventar. Neben Leinsamenschleim und Haferschleim nutze ich aufgrund der entzündungshemmenden Eigenschaften gerne Eibischwurzel.

Borretschöl
Der Fellwechsel ist bei uns ein leidiges Thema, das regelmäßig für einen verstopften Staubsauger sorgt. Damit wir gut durch diese haarige Zeit kommen, landet bei Indy während des Fellwechsels eine Extraportion Borretschöl im Napf. Er haart hiermit schneller ab, kratzt sich deutlich weniger und sein Fell fühlt sich viel weicher an. Indy bekommt das Öl in jedem Fellwechsel für 6 Wochen.

UNTERSTÜTZUNG DES IMMUNSYSTEMS

Das Immunsystem ist ein komplexes System, das die Aufgabe hat, den Körper vor Krankheitserregern wie Bakterien, Viren und Pilzen zu schützen. Es setzt sich aus dem angeborenen und dem erworbenen Immunsystem zusammen. Das angeborene Immunsystem umfasst die Haut und die Schleimhäute sowie die natürlichen Killerzellen und Phagozyten, die Krankheitserreger förmlich „auffressen" können. Das erworbene Immunsystem ermöglicht es deinem Hund, ganz spezifische Krankheitserreger zu erkennen und hierauf zu reagieren. Die Basis dafür wurde in der Welpenzeit gelegt. Es entwickelte sich ein immunologisches Gedächtnis, das es dem Organismus ermöglicht, bei einem weiteren Kontakt mit dem Krankheitserreger schneller und effektiver reagieren zu können. Verschiedene Erkrankungen und Extremsituationen können die reguläre Funktion des Immunsystems beeinträchtigen: Stoffwechselstörungen, Infektionen, chronische Erkrankungen, Stress, Schmerzen, aber auch Medikamente wie Antibiotika. Bei einem gesunden Hund kann das Immunsystem vor allem immer dann unterstützt werden, wenn

– ein Infekt droht, beispielsweise bei einem Jahreszeitenwechsel,
– Zeit für den Fellwechsel ist,
– der Urlaub naht,
– die Hormone besonders aktiv sind,
– Hunde sportlich geführt werden,
– dein Hund einen „Job" hat als Therapiebegleithund, Jagdhund usw.,
– generell mehr Stress, auch bedingt durch Training, im Alltag besteht.

Suche dir aus den unterstützenden Maßnahmen die aus, die sich gut in euren Alltag integrieren lassen. Setze aber nicht alle Optionen ein und auch immer nur kurweise, um eine zu starke Stimulation des Immunsystems zu vermeiden.

ANTIOXIDANTIEN – DIE UNTERSTÜTZUNG BEI ZELLSTRESS

Immer dann, wenn es zu einer physischen, aber auch psychischen Belastungssituation kommt, sprechen wir von Zellstress. Zellstress wird auch oxidativer Stress genannt. Das ist der Zustand, wenn sich sogenannte freie Radikale vermehrt im Organismus anhäufen. Bei freien Radikalen handelt es sich um Moleküle, die wie Diebe die Elektronen von anderen Molekülen stehlen können, um sich selbst zu stabilisieren. Solche freien Radikale entstehen im Körper als Nebenprodukte normaler Stoffwechselprozesse, aber auch bei Entzündungsreaktionen, bei hormonellen Veränderungen, durch Umwelteinflüsse usw.
Bei der Antwort des Körpers auf Stress kann es zudem dazu kommen, dass weniger Antioxidantien produziert werden. Die Antioxidantien dienen wiederum dazu, freie Radikale zu neutralisieren. Ein vermehrtes Vorhandensein freier Radikale vermindert die Schlagkraft des Immunsystems. Bei Zellstress kannst du deinen Hund in den genannten Phasen durch die Zugabe von Antioxidantien helfen. Somit reduzierst du bei ihm oxidativen Stress und kannst sein Immunsystem stabilisieren. Wichtige Antioxidantien sind zum Beispiel Spurenelemente wie Zink, sekundäre Pflanzenstoffe und Vitamine wie Vitamin C und E.

NAPF-TOPPINGS ZUR „STÄRKUNG DES IMMUNSYSTEMS"

Steckbrief: Zink

Dem Spurenelement Zink kommt eine aktivierende Rolle auf die Zellen des Immunsystems zu. Ebenso ist es wichtig für die Bildung von Antikörpern und stärkt die Hautbarriere gegen Krankheitserreger von außen. Wenn dein Hund eine eher getreidelastige Fütterung erhält, stört

REZEPT LEBERWURST

1

2

3

– 250 g tierisches Fett (am besten gewolft)
– 250 g Leber (am besten gewolft)
– 250 g Gemüse (z. B. Möhre, Pastinake etc.)
– 500 g Muskelfleisch (am besten gewolft, Fettgehalt nicht unter 10%)

Muskelfleisch und Fett in einen Topf geben und ein bisschen Wasser hinzugießen. Alles zum Kochen bringen. Wenn das Muskelfleisch durchgekocht ist, Leber und Gemüse hinzugeben und wieder kochen lassen. Wenn alles gar und das Gemüse weich ist, wird die Masse püriert (ggf. Wasser hinzugeben oder überschüssiges Wasser abschütten). Die Leberwurst hält sich ein paar Tage im Kühlschrank. Wenn du größere Mengen vorbereitet hast, friere den Rest ein.

1. Wähle nicht zu mageres Fleisch von einer Tierart, die dein Hund verträgt.

2. Achte beim Gemüse auf Verträglichkeit.

3. Du kannst die Proteinquelle wählen, die zu deinem Hund passt.

1

das die Aufnahme von Zink. Um das Immunsystem deines Hundes mit Zink zu boostern, kannst du auf entsprechende zinkreiche Nahrungsmittel zurückgreifen oder Zink als Futterergänzung einsetzen und natürlich die Menge an Getreide reduzieren. Zink aus tierischen Nahrungsmitteln wird besser verwertet. Besonders viel Zink steckt in der Leber. Das wohl beliebteste Napf-Topping in diesem Buch ist – zumindest aus Sicht deines Hundes: Leberwurst! Das Rezept findest du auf Seite 123.

Topping-Tipp Wenn du mit pflanzlichen Nahrungsmitteln die Zinkzufuhr erhöhen möchtest, sollten gemahlene Kürbiskerne, gemahlene Sonnenblumenkerne oder gekochte Haferflocken im Napf landen. Zink-Präparate sind für eine Kur ebenso möglich.

Menge als Pulver 0,5 g pro 10 kg Hundegewicht – einmal am Tag als Kur über 4 Wochen. Alternativ kannst du Produkte auf Tropfenbasis nutzen (beispielsweise Naturtreu, 3 Tropfen pro 10 kg Hundegewicht).

Aufgepasst! Bei Hunden mit Magenproblemen solltest du darauf achten, dass Zink mit einer ausreichenden Menge an Futter gegeben wird. Mische es daher gut unter, sodass keine Probleme auftreten werden.

Steckbrief: Hagebutte (Rosa canina)

Hagebutten sind die Früchte verschiedener Wildrosenarten, die bekannteste ist die Hundsrose. Die Früchte haben eine markante rötliche Farbe und bilden sich ab September. Hagebutten weisen einen hohen Gehalt an Vitamin C (Ascorbinsäure) auf

2

3

1. Hagebutten sind ein heimisches Superfood.

2. Bei allen Arten von Stress und im Alter wichtig.

3. Die Früchte haben Leckerlipotenzial.

und stellen damit ein wirkungsvolles Antioxidans dar. Anders als bei uns Menschen können Hunde Vitamin C selbst herstellen. Hagebutten sind sinnvoll, wenn dein Hund ein Thema mit Stress hat, weil die in den Nebennieren gebildeten Stresshormone unter anderem diese Ascorbinsäure benötigen. Es gibt Hinweise, dass Hunde, die physisch oder psychisch stark gefordert werden, von einer zusätzlichen Gabe Vitamin C profitieren. Zudem sind Hagebutten ein Must-have, wenn wir an den Übergang zur kalt-feuchten Jahreszeit denken und der Infektionsdruck steigt. Dann ist die Hagebutte das wohl bekannteste Napf-Topping.

So viel Vitamin C steckt in der Hagebutte:
– ca. 1 250 mg in 100 g frischen Hagebutten
– ca. 1 030 mg in 100 g gefrorenen Hagebutten
– ca. 800 mg in 100 g getrockneten Hagebutten

Je nach Quelle schwanken die Werte, denn der Gehalt an Vitamin C hängt auch von der Art und dem Standort der Wildrose ab. Da Vitamin C hitzeempfindlich ist, sollte bei der Trocknung von Hagebutten auf Temperaturen unter 50 Grad geachtet werden. Ergebnisse in Studien deuten aber darauf hin, dass es in der Hagebutte chemische Verbindungen gibt, die den Erhalt von Vitamin C fördern, auch wenn die Hagebutten erhitzt werden.

Menge als Pulver 5 g pro 10 kg Hundegewicht – einmal am Tag als Kur über 4 bis 6 Wochen. Zudem kannst du Hagebutten immer dann nutzen, wenn für deinen Hund eine stressige Zeit ansteht (Urlaub, Läufigkeit, Training, Turnier).

Aufgepasst! Bei Allergien und Magenproblemen zunächst testen.

REZEPT HAGEBUTTEN-OXYMEL

1

2

3

- **½ Tasse frische Hagebutten**
- **1 Tasse Apfelessig (am besten in Bio-Qualität und naturtrüb)**
- **1 Tasse Honig (achte auch hier auf die Qualität)**

Wasche die Hagebutten gründlich ab, zerteile sie und lege die Hagebutten in ein Schraubglas. Füge erst den Essig, dann den Honig hinzu und rühre die Mischung gut um, bis sich der Honig aufgelöst hat. Verschließe nun das Schraubglas mit einem sauberen Deckel und stelle es für ca. vier Wochen an einen kühlen und dunklen Ort. Schüttle das Glas gelegentlich durch. Nach vier Wochen seihst du die Hagebutten ab und lagerst das Oxymel im Kühlschrank. Es ist mehrere Monate haltbar.

Menge 1 EL pro 10 kg Hundegewicht – einmal am Tag.

Aufgepasst! Nur füttern, wenn dein Hund Honig verträgt. Vorsicht bei Hunden mit Allergien und Unverträglichkeiten sowie Neigung zu Magenschleimhautproblemen.

1. Keine frischen Hagebutten zur Hand? Nutze getrocknete.
2. Verwende am besten Bio-Honig, vielleicht vom Imker aus der Nachbarschaft.
3. Apfelessig hat viele Einsatzmöglichkeiten, auch im Oxymel.

Steckbrief: Oxymel

Oxymel ist ein traditionelles Stärkungsmittel aus Essig und Honig. Es kann bei Infekten, Schwäche und zur Stärkung des Immunsystems als Napf-Topping eingesetzt werden, denn es enthält viele Antioxidantien und verringert die Belastung mit Keimen – somit hat das Immunsystem weniger Arbeit. Beim Oxymel werden die positiven Effekte von Apfelessig und Honig kombiniert:

– Apfelessig wirkt antibakteriell und entzündungshemmend, liefert Gerbstoffe und verschiedene Mineralstoffe, regt den Stoffwechsel an.

– Honig ist reich an Mineralstoffen, Antioxidantien und hat antibiotische Eigenschaften.

– Oxymel kann pur verabreicht, aber auch mit Kräutern gemischt werden, um einen noch intensiveren Effekt zu erzielen. Im Herbst bieten sich zum Beispiel immunstärkende Hagebutten als Zugabe an.

Topping-Tipp Oxymel kannst du mittlerweile auch im Drogeriemarkt, im Reformhaus oder im Internet kaufen, wenn du es nicht selbst herstellen möchtest.

HUNDE MIT EINEM HÖHEREN ENERGIEBEDARF

Hunde, die im Sport geführt werden, aber auch solche, die viel Stress oder einen „Job" haben, brauchen mehr Nährstoffe und mehr Energie. Die Nährstoffe erhalten die Hunde vor allem über ihr Futter. Es ist nicht immer sinnvoll, die Futtermenge zu stark zu erhöhen, denn dies kann zu einer Überversorgung mit Nährstoffen führen. Es bietet sich in solchen Fällen an, deinem Hund mehr Energie in Form von Fett oder Kohlenhydraten zur Verfügung zu stellen.

NAPF-TOPPINGS FÜR EINEN „ERHÖHTEN ENERGIEBEDARF"

Fett als Energiequelle

Fett ist für Hunde eine gut verstoffwechselbare Energiequelle, von der sie auch höhere Mengen vertragen. Die Voraussetzung ist, dass du deinen Hund langsam an Fettzugaben gewöhnst und nicht innerhalb kürzester Zeit sehr viel mehr Fett fütterst. In diesem Fall besteht das Risiko von Erkrankungen der Bauchspeicheldrüse, die Enzyme zur Fettverdauung bereitstellt.

WEITERE OPTIONEN ZUM PUSHEN DES IMMUNSYSTEMS

Nahrungsmittel	Beispiele
Zinkreiche Nüsse	Paranüsse, Kokosraspel
Nahrungsmittel mit viel Vitamin E	Hanf- oder Weizenkeimöl, mit Vitamin E angereichertes 3-6-9-Öl, Sonnenblumenkerne
Nahrungsmittel mit viel Vitamin C	Beerensaft, rote Paprika, Tomatenmark, Kohlsorten (gedünsteter Brokkoli, Spitz- oder Rosenkohl)

Fett kannst du deinem Hund auf verschiedene Weise zukommen lassen:

- tierisches rohes Fett, zum Beispiel Rinderfett
- tierisches erhitztes Fett, zum Beispiel Ghee
- oder auch Kokosöl

Tierisches rohes Fett versorgt deinen Hund mit allen Fettsäuren und wird unserer Erfahrung nach sehr gut vertragen – auch wenn dein Hund sonst kein rohes Futter im Napf hat. Du kaufst dieses Fett in der Metzgerei oder im BARF-Shop in deiner Nähe bzw. online. Wähle hier Fett von der Proteinquelle, die dein Hund kennt und auch Bestandteil seines Futters ist.

Unsere Top 3 der Lieblingsfette

Schmalz Unter Schmalz wird ausgelassenes Fett verstanden, das vor allem vom Schwein oder der Gans stammt. Du findest in den Geschäften auch noch eine besondere Form: Flomenschmalz (besteht aus dem Nierenfett von Schweinen). Achte beim Schmalz als Napf-Topping darauf, dass es nicht mit Zwiebeln oder Gewürzen versehen ist.

Fett gibt es in fester und flüssiger Form.

Ghee Butter vom Rind oder der Ziege wird geschmolzen und erhitzt. Dadurch werden die in der Butter enthaltenen Eiweiße braun und verleihen dem Ghee einen intensiven Geschmack. Zudem entstehen durch das Bräunen Antioxidantien, die später helfen, dass Ghee lange haltbar ist. Ghee muss nicht gekühlt werden und eignet sich besonders für Hunde mit einer sensiblen Verdauung, da Buttersäure enthalten ist. Diese Buttersäure ist eine Wohltat für den Darm, denn sie kann von den Zellen der Darmschleimhaut als Energiequelle verwertet werden.

Kokosöl Ein pflanzliches Öl, das aus dem Fruchtfleisch der Kokosnuss gewonnen wird. Es hat einen starken Kokosgeschmack und -geruch. Du solltest natives Kokosöl als Napf-Topping nutzen. Wenn dein Hund es nicht mag, ist die desodorierte Variante eine Alternative, die nicht nach Kokos schmeckt und riecht. Kokosöl verfügt über einen hohen Anteil sogenannter mittelkettiger Fettsäuren, die von deinem Hund auch ohne Hilfe von Verdauungsenzymen aufgenommen werden und sich besonders für Hunde mit einer sensiblen Verdauung eignen, die tierische Fette nicht gut vertragen.

Menge Beginne mit 1 TL pro 10 kg Hundegewicht und steigere die Menge langsam.

Aufgepasst! Bei Erkrankungen von Bauchspeicheldrüse, Galle oder Leber solltest du vorsichtig mit tierischem Fett als Napf-Topping sein.

Kohlenhydrate können wir gut vom eigenen Essen abzweigen.

Kohlenhydrate als Energiequelle

Eine Alternative zur Fettzugabe ist die Zugabe von Kohlenhydraten, die im Gegensatz zu Fett jedoch weniger Energie liefern. Neben Getreide stellt das Pseudogetreide eine Topping-Option dar. Beim Getreide handelt es sich um Pflanzen aus der Familie der Süßgräser (Poaceae), die zur Gattung Triticum (Weizen), Hordeum (Gerste), Oryza (Reis), Zea (Mais) und einigen weiteren gehören. Die Samen von Getreidepflanzen sind reich an Kohlenhydraten, insbesondere Stärke, und enthalten oft Gluten. Pseudogetreide sind Pflanzen, die nicht zur Familie der Süßgräser gehören, aber dennoch Samen produzieren, die ähnlich wie Getreide in der Fütterung verwendet werden können. Pseudogetreidesorten sind oft glutenfrei, was sie zu einer guten Alternative für Hunde mit Glutenempfindlichkeit macht. Sie sind reich an Proteinen, Ballaststoffen, Vitaminen und Mineralstoffen und daher als Napf-Topping gegenüber Getreide zu bevorzugen. Beispiele für Pseudogetreide sind Amarant, Buchweizen und Quinoa.

Damit dein Hund die Stärke in den Kohlenhydraten verwerten kann, muss sie immer aufgeschlossen werden. Das gelingt durch Hitze oder durch Druck. Werden Kohlenhydrate zum Futter ergänzt, müssen diese deutlich länger als für deine eigene Ernährung gekocht werden (mindestens 20 Minuten länger). Koche die Kohlenhydrate so lange, bis sie ganz matschig und weich sind. Reis sollte zum Beispiel schon zerfallen. Alternativ zum Kochen kannst du auch Flocken oder gepopptes (Pseudo-)Getreide nutzen. Das geht im Alltag schneller. Gepopptes kann einfach so über das Futter gegeben werden. Flocken lässt du mit heißem Wasser zu einem Brei quellen.

Menge 2 bis 3 TL Getreide bzw. Pseudogetreide (Menge gemessen vor dem Kochen) bzw. 1 TL ungequollene Flocken bei 10 kg Hundegewicht; kann nach Bedarf erhöht werden.

Topping-Tipp Flocken findest du zum Beispiel als Hafer-, Hirse- oder Quinoaflocken in der Müsli-Abteilung im Supermarkt.

Sportlich sehr ambitioniert: Wir haben da was.

Wässern von Sporthunden

Besonders bei Sportarten wie dem Zughunde- und dem Schlittenhundesport ist das „Wässern" beliebt. Hier wird den Hunden vor dem Training eine Art Suppe angeboten. Je nach individuellen Bedürfnissen kann diese Suppe unterschiedlich angereichert werden. Es geht vor allem darum, dass der Hund durch mehr Flüssigkeit und einen Energiekick bessere Leistungen abrufen kann. Nachfolgend findest du unser Rezept, das du beliebig abändern kannst, indem du beispielsweise Haferflocken durch andere Flocken ersetzt.

Menge 100 ml pro 10 kg Hundegewicht vor der sportlichen Belastung.

Topping-Tipp Erhöhe die Menge schrittweise über mehrere Wochen. Dein Hund sollte Zeit haben, sich an die Flüssigkeitszufuhr zu gewöhnen. Das Rezept kannst du auch nutzen, wenn du bei deinem Hund nach einer anstrengenden Wanderung die Regeneration unterstützen willst. Für den besonderen Energiekick kannst du zum Rezept noch eine pürierte reife Banane oder eine getrocknete Dattel untermischen.

REZEPT ENERGIEKICK

– 200 ml Wasser oder Knochenbrühe
– 5 EL feine Haferflocken (als Kohlenhydratkick)
– 3 EL Hanfpulver (als Proteinkick, z. B. von Pahema)
– 1 TL MCT-Pulver oder -Öl (z. B. von Napfcheck)
– 3 g Spurenelemente (als Nährstoffkick, z. B. Spurenelemente Plus von Pahema)
– ¼ Kapsel B-Vitamine (zur Unterstützung des Nervensystems, z. B. Pahema)
– optional: 2 EL Pansenpulver (für den guten Geschmack, z. B. von Pahema)

Wir empfehlen, die Zutaten zu pürieren. So entsteht die beste Konsistenz.

HUNDE, DIE ABNEHMEN MÜSSEN

Vielleicht kommt dir dieser Abschnitt etwas überflüssig vor, denn bei Übergewicht geht es vor allem darum, dass weniger im Napf landet. Damit ein Kaloriendefizit und damit eine Gewichtsabnahme erreicht wird, sollten Leckerlis und eventuell auch das Futter verringert und die Bewegung des Hundes intensiviert werden. Kalorienreiche Napf-Toppings sind nicht sinnvoll. Dennoch können Futterergänzungen beim Abnehmen unterstützen, indem du auf eine gute Nährstoffzufuhr achtest und den Stoffwechsel aktivierst. Darüber hinaus füllen Volumenergänzungen den Hundebauch, ohne dass weitere Kalorien dort landen. Wenn die Futtermenge reduziert werden muss, besteht ab einem gewissen Punkt die Gefahr, dass die Nährstoffzufuhr nicht mehr ausreichend sichergestellt ist. Wenn du die Fütterung für deinen Hund selbst zubereitest, kannst du die Zusammenstellung anpassen. Bei konventionellem Futter sieht das anders aus, da hier Energie- und Nährstoffgehalt über die Futtermenge verbunden sind. Besprich dies am besten mit einer Hundeernährungsberatung.

NAPF-TOPPINGS ZUR „DIÄT“

Stoffwechsel aktivieren

Um den Stoffwechsel zu aktivieren, haben wir eine Mischung für dich zusammengestellt:
– ⅓ Löwenzahn
– ⅓ Brennnesselblatt
– ⅓ Giersch

Menge als Pulver 3 g pro 10 kg Hundegewicht – verteilt auf zwei Gaben.

Aufgepasst! Nutze die Toppings bitte nicht, wenn er aufgrund von Stoffwechselerkrankungen oder Cortisongaben zugenommen hat.

Topping-Tipp Du kannst die Mischung bei „Meine Teemischung“ herstellen lassen oder auf ein fertiges Produkt von Kruut zurückgreifen.

Kalorienarme Sattmacher

Auch wenn die Futtermenge im Napf gering ist, helfen diese Tricks, um das Volumen zu erhöhen:
– Nutze Ballaststofffasern (z. B. von Lunderland)
– Füttere Sauerkraut (Menge langsam steigern)
– Gib geraspeltes Gemüse hinzu (achte hier auf kalorienarme Sorten wie Zucchini oder Gurke)

L-Carnitin

Diese Aminosäure optimiert die Fettverdauung und wird von den Hunden gut vertragen.

Menge als Pulver 0,5 g pro 10 kg Hundegewicht – einmal am Tag.

Warte nicht,
bis es so weit kommt.

»Die Basis muss stimmen. Ohne ein vernünftiges und nährstoffdeckendes Futter sind Napf-Toppings nicht sinnvoll.«

Sylke

Unterstützung für den Seniorhund

Mit der Zeit schleichen sich bei einem älter werdenden Hund nicht nur ein paar graue Haare ein, sondern oft auch Wehwehchen und Alterserkrankungen.

Alter ist keine Krankheit, sondern eine Lebensphase, die dazu gehört.

Im Alter verändert sich der Stoffwechsel, sodass du etwas sparsamer mit kalorienreichen Napf-Toppings sein solltest. Gerade in dieser Lebensphase gibt es tolle Möglichkeiten, deinem Hund über Futterzusätze etwas Gutes zu tun und Alterserkrankungen zu begleiten – auch ergänzend zu einer tierärztlichen Behandlung.

DAS ALTERNDE HERZ

Herzprobleme wie Herzinsuffizienz und Herzklappenerkrankungen kommen bei älteren Hunden vermehrt vor. Neben einer möglichen medikamentösen Therapie sind Omega-3-Fettsäuren, die wir schon an mehreren Stellen des Buches angesprochen haben, (siehe Die 5 Topping-Stars im Napf, Öle Seite 38), in höheren Mengen sinnvoll, auch Weißdorn und Taurin können helfen.

NAPF-TOPPINGS ZUR „HERZSTÄRKUNG“

Omega-3-Fettsäuren

Omega-3-Fettsäuren in größeren Mengen verbessern vor allem die Fließeigenschaften des Blutes. Nutze hier am besten ein 3-6-9-Öl mit einer Kombination aus Fischöl, einem kleinen Anteil an Pflanzenöl wie Borretschöl und Vitamin E.

Menge 8 ml pro 10 kg Hundegewicht – einmal am Tag.

Topping-Tipp Da im Alter Entzündungen, auch unbemerkte, gehäuft vorkommen (in den Gelenken, im Gewebe), ist das Öl auch aufgrund der entzündungshemmenden Eigenschaften sinnvoll.

Steckbrief: Weißdorn (Crataegus sp.)

Der Weißdorn ist ein heimisches, dorniges Rosengewächs, das du sicherlich aus den Strauchhecken deiner Gegend kennst. Es gibt zig verschiedene Arten an Weißdorn, die alle gefüttert werden können. Im Frühling strahlen die zarten weißen Blüten und im Herbst leuchten kleine rote Früchte, die ein wenig an kleine Herzen erinnern. Hier liegt auch das Haupteinsatzgebiet – dem Herzen. Neben psychischen Herzbeschwerden wie Trauer und Kummer wird Weißdorn vor allem zur Stärkung der Herzfunktion eingesetzt: Altersherz, Herzrhythmusstörungen, nachlassende Leistungsfähigkeit usw. Er gehört zu den am besten untersuchten Heilpflanzen unserer Zeit und die Wirksamkeit ist durch Studien belegt. Die enthaltenen Pflanzenstoffe des Weißdorns wirken zellschützend, gefäßerweiternd und -stabilisierend und können den Blutdruck senken. Du kannst sowohl Blüten, Blätter als auch Früchte einsetzen.

Menge 1,5 g pro 10 kg Hundegewicht – einmal am Tag für mindestens 6 Wochen, bis eine Verbesserung eintritt. Bei älteren Hunden ist eine Dauergabe sinnvoll.

Topping-Info Wir empfehlen, eine Mischung aus Früchten, Blüten und Blättern zu verwenden. Du kannst die Mischung mit Einzelprodukten selbst herstellen (beispielsweise Pahema), eine Mischung anfertigen lassen (Meine Teemischung) oder die Pflanzenteile selbst sammeln, trocknen und dadurch Geld sparen. Sammeln kannst vom Frühling an (Blüten, Blätter) bis in den Herbst (Früchte) hinein.

Im letzten Lebensabschnitt kannst du präventiv einiges machen.

Jeder gemeinsame Tag ist wertvoll.

Taurin

Bei Taurin handelt es sich um eine nicht-essenzielle Aminosäure, also um eine Aminosäure, die dein Hund selbst herstellen kann. Dennoch ist diese Aminosäure als Napf-Topping sinnvoll, da Taurin verschiedene positive Wirkungen auf die Herzgesundheit zugeschrieben werden. Es ist an der Kontraktion des Herzmuskels und der Regulation des Blutdrucks beteiligt. Darüber hinaus hat es eine zellschützende Wirkung.

Menge 0,6 g pro 10 kg Hundegewicht – einmal am Tag.

Topping-Tipp Taurin wird gut vertragen und verbessert die Entgiftungsleistung der Leber – ein weiterer Grund, es im Alter dauerhaft zu nutzen.

HUNDE-ALZHEIMER

Wenn dein Hund anfängt, ein bisschen planlos durch die Gegend zu laufen oder vergisst, wo er ist, oder wie ein Teenager die Nacht plötzlich zum Tag machen möchte, könnte es sich um eine kognitive Dysfunktion, also um „Hunde-Alzheimer“ handeln. Besprich die Symptome mit deiner Tierarztpraxis. Bei einer gesicherten Diagnose kannst du deinen Hund über Management und ggf. auch über Medikamente unterstützen. Als Napf-Toppings bieten sich hier vor allem solche an, die die Durchblutung fördern und auf das Nervensystem einwirken.

NAPF-TOPPINGS ZUM „HUNDE-ALZHEIMER“

Steckbrief: Baldrian (Valeriana officinalis)

Die im Baldrian enthaltenen Valerensäuren und weitere ätherische Öle sind verantwortlich für den typischen Duft. Sie interagieren mit verschiedenen Neurotransmittern und sind daher wahrscheinlich für die beruhigende, konzentrationsfördernde und ausgleichende Wirkung der Heilpflanze zuständig, die auch gerne als Einschlafmittel zum Einsatz kommt. Du kannst Baldrian bei deinem älteren Hund verwenden, wenn er unter (nächtlicher) Unruhe leidet und Probleme hat, in den Schlaf zu finden.

Menge als Pulver 1,2 g pro Tag pro 10 kg Hundegewicht – einmal am Tag.

Aufgepasst! Nicht mit Medikamenten kombinieren, die auf das Nervensystem einwirken. Selten reagieren Hunde paradox auf Baldrian und werden unruhig.

Topping-Tipp Gib Baldrian am besten vor der Ruhephase, die für deinen Hund problematisch ist. Das kann die Nacht sein oder auch das Schläfchen am Nachmittag, das nicht mehr klappen mag.

Steckbrief: Ginseng (Panax Ginseng)

Bei Ginseng handelt es sich um eine mehrjährige Pflanze, die vor allem in der Traditionellen Chinesischen Medizin zur Anwendung kommt. Genutzt wird die Wurzel. Der Name „Panax" leitet sich von „panacea" ab, was so viel wie „Allheilmittel" heißt. Wie passend für einen Hund im Alter, der meist mit mehreren verschiedenen gesundheitlichen Herausforderungen konfrontiert ist. Wissenschaftlich untersucht wurde Ginseng vor allem in Bezug auf seine Möglichkeiten, die kognitiven Funktionen zu verbessern. Die sekundären Pflanzenstoffe Ginseroside scheinen die Inhaltsstoffe zu sein, die für verschiedene Wirkungen des Ginsengs sorgen. Sie können ausgleichende Wirkungen haben und fördern die Durchblutung im Gehirn. Somit können sie die Gedächtnisleistung steigern.

Menge als Pulver 2 g pro 10 kg Hundegewicht – verteilt auf 2 Gaben.

Aufgepasst! Die Wirkung macht sich erst nach und nach bemerkbar. Ginseng verstärkt die Durchblutung, daher bei Bluthochdruck und vor Operationen absetzen.

1. Baldrian kann für mehr innere Ruhe sorgen.

2. Ginseng fördert die Durchblutung.

1

2

Steckbrief: MCT-Öl

MCT ist die Abkürzung für mittelkettige Fettsäuren. Neben den mittelkettigen Fettsäuren, die sich in großer Menge im Kokosöl finden, gibt es auch kurz- und langkettige Fettsäuren. Im Gegensatz zu den kurz- und langkettigen Fettsäuren erreichen mittelkettige Fettsäuren die Leber direkt und dienen als Energiequelle für die Muskulatur, ohne dass sie den Umweg über Verdauungsenzyme nehmen müssen. Durch komplexe Stoffwechselprozesse werden sie in der Leber in sogenannte Ketone umgewandelt. Normalerweise greift der Hund für die Energiegewinnung auf Glukose zurück, was im Alter aber nicht mehr optimal funktionieren kann. Daher kann dein Hund stattdessen auch diese Ketone heranziehen, um seinen Energiebedarf zu decken. Durch eine Extraktion aus Kokosöl entsteht MCT-Öl mit ausschließlich mittelkettigen Fettsäuren. Die aus diesem Öl gebildeten Ketone können direkt ins Gehirn gelangen, dort Energie bereitstellen und somit die kognitiven Funktionen optimieren. MCT-Öl ist somit eine Art Treibstoff für das Hirn.

Menge 4 ml pro 10 kg Hundegewicht – verteilt auf 2 Gaben. Starte mit einer niedrigeren Menge und steigere sie langsam.

Topping-Tipp Eine kognitive Dysfunktion bringt oft auch mit sich, dass der Hund reguläre Abläufe verlernt. So kann es dazu kommen, dass der gesamte Wassernapf geleert wird, weil er sich nicht daran erinnert, mit dem Trinken aufzuhören. Auch das Fressen kann verlernt werden. Hier helfen Rituale und Strukturen. Da der Fressvorgang beim Hund vor allem über die Nase gesteuert wird, ist es wichtig, das Futter besonders attraktiv riechend zu gestalten. Hier können folgende Napf-Toppings zum Einsatz kommen:

- gemahlene getrocknete Fische
- Pansenpulver oder kleine Stückchen getrockneter Pansen
- Wasser vom Thunfisch aus der Dose
- Harzer Käse
- Natto (fermentierte Sojabohnen)
- Garnelen- oder Fischpaste

Bei Kräutermischungen für Hunde im Alter werden verschiedene Kräuter sinnvoll kombiniert.

Angepasste Bewegung ist auch im Alter wichtig. Ein Hundemantel hält alte Knochen warm.

BEWEGUNGSAPPARAT

Knochen, Gelenke, Bänder und Sehnen deines Hundes – kurz der Bewegungsapparat – tragen deinen Hund ein Leben lang. Entstehen hier Probleme, kann sich das enorm auf die Lebensqualität auswirken: Schmerzen, Entzündungen, Lahmheiten und dadurch ausgelöste Verhaltensänderungen sind möglich. Mit dem Alter nehmen Erkrankungen des Bewegungsapparats zu. Wenn dein alternder Hund noch keine umfassenden Symptome zeigt, empfehlen wir dennoch, den Bewegungsapparat präventiv zu unterstützen. Da Gelenke nicht direkt mit Nährstoffen versorgt werden (sie sind nicht an das Blutsystem angeschlossen), müssen die Nährstoffe über den Blutkreislauf in den Gelenkspalt und von dort mit der Gelenkflüssigkeit in den Knorpel gelangen. Je besser Qualität und Bioverfügbarkeit der Nährstoffe sind, desto mehr kann aufgenommen werden. Achte daher immer auf eine hochwertige Qualität der Futterergänzungen. Als Napf-Topping kannst du beispielsweise auf Grünlippmuschelpulver, das wir dir schon bei den Hunden im Wachstum im Kapitel Welpenzeit, Bewegungsapparat, Seite 95, vorgestellt haben, zurückgreifen. In der jetzigen Lebensphase empfehlen wir jedoch mehr: Chondroitin bzw. Glucosamin und/oder Kollagen.

NAPF-TOPPINGS ZUM „ALTERNDEN, GESUNDEN BEWEGUNGSAPPARAT“

Steckbrief: Glucosamin und Chondroitin

Bei Glucosamin handelt es sich um eine Aminozuckerverbindung, der eine Schlüsselrolle bei der Bildung und der Reparatur von Knorpelgewebe zukommt. Es wird oft aus Schalentieren gewonnen oder synthetisch hergestellt. Chondroitin ist ein Bestandteil des Knorpelgewebes. Es wird meist aus tierischem Knorpel, z. B. vom Rind oder Schwein, gewonnen. Mittlerweile gibt es aber auch schon nicht-tierische Alternativen. Beide können entzündungshemmend und knorpelschützend wirken.

Menge 1 g (0,5 g pro Topping) pro 10 kg Hundegewicht – einmal am Tag. Nutze das Napf-Topping mindestens 6 Monate. Eine Dauergabe ist, vor allem im Alter, möglich und sinnvoll.

Steckbrief: Kollagen

Kollagen ist ein wichtiges Protein im Hundekörper, das in verschiedenen Geweben wie Haut, Knochen, Sehnen, Knorpel und Bändern vorkommt. Das Ziel der Futterergänzung besteht darin, deinen Hund mit zusätzlichem Kollagen zu versorgen, um die Gesundheit und die Struktur von Haut, Gelenken und anderen Bindegewebsstrukturen zu fördern und auf diese Weise den Knorpel zu schützen. So kann auch die Gesamtbeweglichkeit erhöht werden, da sich die Fähigkeit zur Kollagenbildung im Alter zunehmend verringert.

Menge 5 g pro 10 kg Hundegewicht – einmal am Tag. Nutze das Napf-Topping mindestens 6 Monate. Eine Dauergabe ist, vor allem im Alter, möglich und sinnvoll.

Aufgepasst! Wenn dein Hund an einer Nierenerkrankung leidet, halte bitte aufgrund des hohen Proteingehaltes der Produkte Rücksprache mit deiner Tierarztpraxis.

HEY BEN!

Erinnerst du dich an Ben aus Kapitel Napf-Toppings in der Welpenzeit, Seite 95? Die Junghundezeit ist schon lange vorbei und Ben ist mittlerweile stattliche neun Jahre alt. Als Welpe und Junghund hat er Grünlippmuschel als Prophylaxe für den Bewegungsapparat erhalten. Bei ihm wurde jedoch eine Hüftdysplasie diagnostiziert, die ihm aktuell durch unterstützende Physiotherapie keine Probleme macht. Damit das noch eine Weile so bleibt, bekommt er nun zusätzlich zu Grünlippmuschelpulver auch ein Präparat mit Kollagen sowie Glucosamin und Chondroitin.

Die Samen der Brennnessel kannst du mit einer Gabel abstreifen.

WEITERE TYPISCHE ERKRANKUNGEN IM ALTER

Leider gibt es noch eine ganze Reihe weiterer Erkrankungen, die deinen Hund im Alter betreffen können. Je nach Erkrankung und Zusammenstellung der Fütterung ist es hier aber ratsam, bei den Futterergänzungen auf eine individuelle Beratung zurückzugreifen. Wir möchten dir dennoch fur drei häufige Erkrankungen Anregungen mitgeben, welche Napf-Toppings als Dauergabe möglich sind:

Topping	Menge pro 10 kg Hundegewicht
Lebererkrankung	Mariendistelfrüchte: 0,7 g Taurin: 0,6 g
Nierenerkrankung	Cordyceps: 1 Extraktkapsel (300 - 350 mg)
Krebserkrankungen	Brokkolisprossen: 1 TL Agaricus blazei Murrill: 1 Exktraktkapsel (300 - 350 mg)

Sprossen sind schnell gemacht und kleine Nährstoffbomben.

Nährstoff-Boost: Sprossen und andere Microgreens

Sprossen und Keime zeichnen sich durch einen extrem hohen Gehalt an Vitaminen, Mineralstoffen und Ballaststoffen aus. Ebenso stecken sie voller Enzyme, die durch den Keimvorgang aktiviert werden. Speziell in Brokkolisprossen findet sich der Pflanzenstoff Sulphoraphan, der durch seine Rolle in der Krebsprävention viel Aufmerksamkeit bekommen hat. Auch wenn dieser Kontext für Hunde noch nicht wissenschaftlich abgesichert ist, sollten Sprossen und Microgreens nicht nur im fortgeschrittenen Hundealter im Napf landen. Das zarte Grün ist derart nährstoffreich, dass es für jederhund sinnvoll ist. Besonders in den kälteren Monaten, in denen das Angebot an saisonalen Obst- und Gemüsesorten eher gering ist, kannst du deinen Hund mit sekundären Pflanzenstoffen aus Sprossen und Microgreens Abwechslung bieten.

So geht's Im Handel gibt es spezielle Keimgefäße (für Microgreens) und Sprossengläser (für Sprossen), mit denen du sie züchten kannst. Genutzt werden können unbehandelte Getreide-, Kräuter- oder Gemüsesamen. Die Sprossen werden gewaschen und nach Packungsanweisung eingeweicht. Dann wird das Wasser entfernt und das Sprossenglas umgedreht, sodass das restliche Wasser ablaufen kann. Einmal pro Tag solltest du die Sprossen mit klarem Wasser auswaschen. Microgreens werden auf einer Unterlage wie Watte, Erde, Kokosfasern, Hanfmatten, Sägespänen usw. in einer flachen Schale angezüchtet. Schnell wachsende Sorten wie Kresse gedeihen auch auf Küchenpapier. An einem Ort mit Tageslicht kannst du beim Keimen zuschauen.

Menge ½ TL (fein geschnitten oder püriert) pro 10 kg Hundegewicht – einmal am Tag.

Aufgepasst! Sprossen vom Lauch und von der Zwiebel sind tabu. Bei der Anzucht ist ein hygienisches Arbeiten besonders wichtig. Spüle die Keimsaat gut ab und reinige auch die Anzuchtbehälter gründlich.

Topping-Tipp Scharf schmeckende Sorten findet nicht jeder Hund gut. Teste hier aus, was dein Hund mag.

DIE LETZTEN TAGE

Der Tag, an dem wir uns von unseren Hunden verabschieden müssen, wird kommen. Wir alle haben den Wunsch, sie Zeit ihres Lebens bestmöglich zu unterstützen, und dass am Ende eines hoffentlich langen und gesunden Lebens weder Schmerzen noch ein langes Leiden stehen.
Nur was hat das mit Futterergänzungen zu tun? Können Napf-Toppings am Ende des Hundelebens helfen? Jein. Dieser Lebensabschnitt gehört zum Hundeleben dazu und wir möchten einige Gedanken mit dir teilen. Es geht an dieser Stelle nicht um ein spezielles Napf-Topping, sondern vielmehr darum, dass du in der letzten Lebensphase das machst, was deinem Hund guttut.

Es ist dabei auch egal, ob dein Hund altersbedingt immer mehr abbaut, oder ob er an einer Erkrankung leidet, die letztlich lebensverkürzend ist.
All diesen Hunden sollten wir die letzte Zeit so angenehm wie möglich gestalten und uns nicht mit einer perfekten Nährstoffabdeckung oder einem ausgeklügelten Futterergänzungsplan aufhalten. Viele Hunde fressen auf ihrem letzten Weg oft nicht mehr gerne, sodass jedes Pülverchen eins zu viel ist.
Wenn dein Hund dir zeigt, dass ihm am und im Napf alles zu viel wird, füttere nur noch das, was er mag. Sei es dein Käsebrot, das fies riechende Billigkatzenfutter oder sein Lieblingsessen. Gerade im Alter und auch im Endstadium einer Erkrankung lassen

In der letzten Lebensphase können Hydrolate hilfreich sein.

Geschmacks- und Geruchssinn nach, sodass intensiv Riechendes eher gefressen wird. Gib deinem Hund das, was er fressen möchte. Wir möchten hier lediglich ein paar Ideen mit dir teilen und dich vor allem darin bestärken, den Napf am Ende nicht perfekt gestalten zu wollen, sondern auf deinen Hund zu vertrauen. Er wird dir zeigen, wie du ihm helfen kannst bzw. ob er überhaupt noch fressen möchte.

4 IDEEN FÜR NAPF-TOPPINGS:

– Knochenbrühe
– Thunfisch im eigenen Saft
– Gemüsesuppe mit Brennnesselsamen, auch leicht erwärmt
– Warmes Kokosöl oder warme Butter

Wenn die Nase grau wird, lassen auch Geschmacks- und Geruchssinn nach.

Steckbrief: Knochensuppe

Knochensuppe liefert Kollagen, Aminosäuren und Fette. Sie ist eine tolle Unterstützung, wenn der Organismus zu Kräften kommen muss. Sie hilft in Situationen, wenn dein Hund mehr Flüssigkeit zu sich nehmen muss und die Suppe hat auch eine appetitanregende Wirkung, was bei älteren Hunden ab und zu nötig ist. Welchen Effekt die Knochensuppe im Detail mit sich bringt, ist auch abhängig von den verwendeten Knochen: Nutzt du Knorpel bzw. Gelenkknochen? Dann kochst du vor allem Kollagen aus und die Suppe wird geleeartig. Dies ist vorteilhaft für den Bewegungsapparat. Kochst du eher Knochen, die viel Knochenmark enthalten (Rippen, Nacken, Beinscheiben)? Dann wird dadurch die Blutbildung angeregt und das Immunsystem gestärkt.

Menge 3 EL pro 10 kg Hundegewicht

Aufgepasst! Wenn dein Hund Probleme mit viel Fett hat, schöpfe das Fett von der erkalteten Knochensuppe ab und entsorge es.

Topping-Tipp Dein Hund verträgt nur Proteinquellen, von denen du beim Metzger oder im Supermarkt keine Knochen bekommst, wie beispielsweise Pferd, Ziege oder Wild? Dann ist ein BARF-Shop eine gute Anlaufstelle. Knochen vom Lamm gibt es hingegen im türkischen Supermarkt.

Knochenbrühe wird von vielen Hunden sehr gern gemocht.

REZEPT KNOCHENSUPPE

– Knochen nach Wahl (Gelenkknochen, Beinscheiben und weitere Knochen bzw. Knorpel von der Tierart, die dein Hund kennt und verträgt)
– 1–2 EL Apfelessig (in Bio-Qualität)
– Wasser in einem großen Kochtopf

Bedecke den Boden eines großen Kochtopfes mit Knochen und/oder Knorpel und fülle den Topf mit Wasser auf. Gib dann den Apfelessig hinzu. Lass die Suppe im Anschluss 24 bis 48 Stunden bei geschlossenem Deckel köcheln. Du kannst den Kochvorgang während der Nacht auch unterbrechen. Anschließend entfernst du die ausgekochten Knochen vollständig (bitte entsorgen und auf keinen Fall verfüttern). Du kannst die Knochensuppe portionsweise einfrieren und bei Bedarf füttern.

HILFE AUS DER PFLANZENWELT – FÜR DEINEN HUND UND DICH

Die letzte gemeinsame Zeit bedeutet eine emotionale Ausnahmesituation für dich. Das spürt auch dein Hund und wenn sich deine Stimmung überträgt, kann er nervöser werden. Generell können die letzten Tage dazu führen, dass dein Hund anders sein wird, als du ihn kennst. Für diesen Fall möchten wir dir drei hilfreiche Pflanzen vorstellen: Lavendel, Melisse und Rose. Sie alle haben ein gemeinsames Thema: Beruhigung.

Steckbrief: Lavendel (Lavandula angustifolia)

Der Lavendel wurde schon von den Römern als Heilpflanze eingesetzt und ist bis heute bekannt im Kontext von innerer Unruhe und Nervosität. Die beruhigende Wirkung hat der Lavendel durch den Pflanzenstoff Linalool. Dieses ätherische Öl wirkt direkt auf das zentrale Nervensystem ein. Es gab in den letzten Jahren einige wissenschaftliche Arbeiten, die sich damit beschäftigten, dass Linalool Ängste mindern kann.

Steckbrief: Melisse (Melissa officinalis)

Die Melisse, auch Zitronenmelisse genannt, ist bekannt für ihre beruhigende Wirkung. Paracelsus schätzte den Wert der Heilpflanze höher ein als Gold, vor allem wegen der enthaltenen ätherischen Öle, die auch für die beruhigende Wirkung verantwortlich sind.

1

2

1. Lavendel ist dir bestimmt durch den typischen Geruch bekannt.

2. Auch die Zitronenmelisse erkennst du am Duft.

Die Blüten der „Herzpflanze" Rose.

Steckbrief: Rose (z. B. Rosa damascena)
Mit der Rose meinen wir hier verschiedene Rosengewächse, wie beispielsweise die Damaszener- oder Essig-Rose und die Weiße Bauernrose. Die Blüten der Rose sind nicht nur bekannt als „Herzpflanze", sondern wirken sich nachgewiesenermaßen positiv und ausgleichend auf Herz und Psyche aus. In Studien konnte eine Linderung von Ängsten nachgewiesen werden, ebenso eine beruhigende Wirkung. Die Rose wird vor allem im Kontext einer Sterbebegleitung auch im Humanbereich genutzt, da sie das „Loslassen" erleichtern soll.

Hydrolate

Wir möchten dir diese drei Pflanzen in einer besonderen Form mit auf den Weg geben – als Hydrolate (Pflanzenwässer). Diese entstehen, wenn Pflanzen mit Wasser oder Wasserdampf destilliert werden. Das sich dabei ergebende Kondenswasser wird aufgefangen. Bei der Destillation gehen nicht-wasserlösliche Pflanzenstoffe nur im geringen Umfang in das Hydrolat über. Das macht Hydrolate sehr sanft, gut verträglich und zur inneren Anwendung geeignet. Das Hydrolat sprühst du als Napf-Topping auf das Futter oder deine Hand und lässt es abschlecken. Das kann ein schönes gemeinsames Ritual werden.

Menge als Sprühstoß 2 – 3 pro 10 kg Hundegewicht zu jeder Mahlzeit oder aber: so viel deinem Hund guttut. Gerade in akuten Phasen konnen Hydrolate auch stündlich zum Einsatz kommen.

Aufgepasst! Bedränge deinen Hund nicht mit den Hydrolaten. Du wirst merken, ob er sie mag und annimmt oder sich abwendet.

Topping-Tipp Achte hier auf gute Qualität (beispielsweise Maienfelser Naturkosmetik, Primavera). Bewahre die Hydrolate im Kühlschrank auf. Sollte dein Hund allerdings eine deutliche Abneigung zeigen, verwende sie nicht.

NAPF-TOPPINGS BEI ERKRANKUNGEN

Durchfall-Erkrankungen

Bisher haben wir dir Futterergänzungen anhand der Lebensphasen vorgestellt. In diesem Teil des Buches legen wir den Fokus auf häufige Erkrankungen, die losgelöst vom Hundealter jederzeit auftreten können.

Aufgenommene Essensreste können Durchfälle verursachen.

Durchfall gehört zu den häufigsten Symptomen bei unseren Hunden. Aber: Handelt es sich bei einem Durchfall auch immer gleich um eine Erkrankung? Bedeutet Durchfall, dass du sofort eingreifen musst? Und ist das, was du als Durchfall identifizierst, überhaupt welcher? Der Begriff „Durchfall" wird leider schnell für alle Arten von Kot verwendet, die von der Norm abweichen. Tatsächlich kommt richtiger Durchfall gar nicht so häufig vor. Dein Hund kann nicht mehr einhalten und es schießt regelrecht hinten raus, der Kot ist flüssig oder suppig. Hunde zeigen vermehrt Unruhe, möchten (auch nachts) raus und machen, wenn es gar nicht mehr geht, auch mal drinnen. Hat dein Hund breiartigen oder sehr weichen Kot, der aber noch geformt ist? Dann ist die Kotkonsistenz zwar nicht optimal, aber es handelt sich auch nicht um Durchfall. Wir unterscheiden zwei Arten von Durchfall mit unterschiedlichen Ursachen.

Akuter, plötzlich auftretender Durchfall:

- Aufnahmen von Gift (sofort zur Tierarztpraxis/Tierklinik)
- Akute Infektion
- Fressen von Verdorbenem, Aas, Mäusen oder anderen nicht hundebestimmten Dingen
- Verunreinigtes Wasser (aus Pfützen oder Seen getrunken)
- Akute Erkrankungen (beispielsweise Bauchspeicheldrüsenentzündungen oder Darmerkrankungen)
- Reaktion auf Impfung, Entwurmung oder Medikamente

Wiederkehrender Durchfall:
- Futtermittelallergie oder Futtermittelunverträglichkeit
- Parasitenbefall, wie beispielsweise Giardien oder Spulwürmer
- Darmentzündungen
- Chronische Erkrankungen des Verdauungstraktes
- Reaktion auf Stress

Vor allem bei einem akuten und plötzlich auftretenden Durchfall solltest du dir auch immer vor Augen führen, dass Durchfall zunächst etwas Gutes sein kann: Dein Hund versucht als Abwehrreaktion, etwas aus dem Darm zu schaffen, das dort nicht hingehört. Zeigt dein Hund ein gutes Allgemeinbefinden? Dann kannst du zunächst versuchen, über Napf-Toppings für Linderung zu sorgen. Spätestens bei wiederkehrenden Durchfällen oder dann, wenn der Allgemeinzustand deines Hundes sich verschlechtert, solltest du dir Hilfe holen. Hier können diverse diagnostische Maßnahmen (beispielsweise ein Kottest auf Keime und Parasiten) bzw. eine Überprüfung des Futters sinnvoll sein.

Zum Tierarzt

Ist der Allgemeinzustand deines Hundes schlecht und du machst dir Sorgen? Oder hast du vielleicht beobachtet, dass er draußen etwas gefressen hat? Dann ist ein Besuch in einer Tierarztpraxis wichtig. Gehe diesen Weg lieber einmal zu oft, als selbst etwas zu übersehen.

Welpen sollten bei Durchfällen nicht fasten.

FEHLER BEI DER DURCHFALL-BEHANDLUNG

Oft wird zu früh zu viel versucht und der hündische Organismus bekommt nicht die Chance, sich selbst zu helfen und loszuwerden, was nicht in ihm verweilen soll. Wenn der Allgemeinzustand es zulässt, versuche, zu frühe Antibiotikagaben zu vermeiden. Diese schwächen den Darm weiter und helfen dabei im schlechtesten Fall nicht einmal, denn nicht jeder akute Durchfall ist bakteriell bedingt. Zudem gibt es bei Durchfall einige Fütterungsfehler, die du vermeiden kannst:
Nutze keine Getreide- oder Molkereiprodukte wie Hüttenkäse und keine Eier: Die enthaltenen Arachidonsäuren können Entzündungen, beispielsweise im Darm, befeuern.
Verwende bei länger andauerndem Durchfall eine andere Proteinquelle als im regulären Futter, das sogenannte „Opferprotein". Damit verhinderst du, dass dein Hund gegen die reguläre Proteinquelle eine Allergie ausbildet. Ebenso empfiehlt es sich, mageres Fleisch zu kochen: Das ist gut verdaulich.

ERSTE HILFE BEI DURCHFALL

Eine generelle Empfehlung wird gerne bei Durchfall gegeben: deinen Hund über 12 bis 24 Stunden fasten zu lassen. Ob eine Nahrungskarenz deinem Hund guttut, musst du individuell entscheiden. Bei Hunden, die sehr jung sind, zu Nüchternerbrechen neigen oder Medikamente erhalten, raten wir eher davon ab. Wenn du auch bei Durchfall weiterhin Futter anbietest, können Moro-Suppe oder Congee Linderung verschaffen und unterstützen. Beides eignet sich auch, um nach dem Fasten langsam wieder mit dem Futter zu starten.

Steckbrief: Moro-Suppe

Die Moro-Suppe ist ein bewährtes Hausmittel bei Durchfällen. Sie versorgt den Hund nicht nur mit Flüssigkeit, sondern hilft auch, Bakterien aus dem Darm zu leiten. Sie ist daher im Fall von Durchfällen das Napf-Topping der Wahl und kann im Akutfall sogar zunächst ausschließlich gefüttert werden.

Die Suppe geht auf den Kinderarzt Ernst Moro zurück. Er war unter anderem Professor für Kinderheilkunde in Heidelberg und ließ Kindern mit starken Durchfällen dieses alte Hausmittel verabreichen – mit Erfolg.

Wie wirkt die Moro-Suppe? In der Darmwand sitzen viele Rezeptoren. Schädliche und Durchfall verursachende Bakterien passen in diese Rezeptoren wie Schlüssel in Schlösser. So können Bakterien an die Darmwand andocken und dort Schaden anrichten. Durch das lange Kochen der Möhren entstehen Zuckermoleküle, sogenannte Oligosaccharide. Diese haben eine ähnliche Gestalt wie Rezeptoren in der Darmwand. Wird die Moro-Suppe gefüttert, gelangen viele dieser Zuckermoleküle in den Darm. Die Bakterien docken dann an diese und nicht mehr an der Darmwand an. Ein Großteil dieser Schlüssel-Schloss-Verbindungen aus Bakterien und Zuckermolekülen wird dann ausgeschieden. Was die Moro-Suppe aus eigener Kraft aber nicht leisten kann: den Durchfall zu stoppen. Sie kann zudem nur dann effektiv helfen, wenn Bakterien Grund des Durchfalls sind. Gibt es andere Ursachen – Gifte, Parasiten wie Giardien usw. – ist die Suppe nicht wirkungsvoll, teilweise sogar kontraproduktiv.

REZEPT MORO-SUPPE

- 1 kg Möhren
- 2 l Wasser
- 1 TL Salz (Himalaya-, Meer- oder Steinsalz)

Möhren klein schneiden (Schälen ist sinnvoll, wenn es sich nicht um Bio-Möhren handelt), im Salzwasser zum Kochen bringen und anschließend für 1,5 bis 2 Stunden köcheln lassen. Abschließend pürierst du die Möhren mit dem Kochwasser. Sollte die Moro-Suppe zu fest sein, ergänzt du etwas Wasser.

Steckbrief: Congee

Congee ist eine Reisschleimsuppe, die in der Traditionellen Chinesischen Medizin (TCM) ein wertvoller Bestandteil der Ernährung ist, vor allem, wenn ein Organismus während bzw. nach einer Krankheit gestärkt werden soll. Congee nährt, baut auf und ist zudem bekömmlich. Durch das lange Kochen bildet sich eine schleimige Konsistenz, die sich schützend und beruhigend auf die Schleimhäute des Magens und des Darms legt.

Weitere Maßnahmen bei Durchfall:

– Ruhe! Hundeschule, Treffen mit Hundefreunden sowie alle Arten von Stress oder Trubel meiden.
– Termine wie Impfungen, Entwurmungen und Co. verschieben, bis dein Hund wieder gesund ist.
– Viel trinken, damit nicht zu viel Flüssigkeit verloren geht. Ist dein Hund ein Trinkmuffel? Gib Brühe oder Knochensuppe (ohne Fett, Rezept siehe Seite 145) zum Trinkwasser. Auch eine selbst gemachte Elektrolytlösung kann hilfreich sein, vor allem bei anhaltenden Durchfällen. Sie gleicht Wasser- und Mineralienverluste aus.

AKUTER DUCHFALL

Bei akuten, plötzlichen Durchfällen gibt es einige Napf-Toppings, die du als Sofortmaßnahmen nutzen kannst. Bedenke aber immer: Akuter Durchfall ist in erster Linie der Versuch des Hundekörpers, etwas loszuwerden. Daher können alle stopfenden Maßnahmen eine mögliche Heilung verzögern, da Keime länger im Darm verweilen. Du kannst die Napf-Toppings auch nutzen, wenn dein Hund keinen richtigen Durchfall hat, sondern schleimigen oder breiigen Kot. Aber auch hier gilt: Wird der Kot nicht besser, solltest du auf Ursachenforschung gehen und dich auch über das Thema Darmaufbau informieren (siehe Darmunterstützung, Seite 114). Ein Darmaufbau ist zudem wichtig, wenn eine tierärztliche Behandlung mit Antibiotika erforderlich ist – am besten schon parallel zur Antibiose.

REZEPT CONGEE

– 100 g Reis (am besten Milchreis)
– 1 Liter Wasser

Alles zusammen aufkochen und dann mehrere Stunden köcheln lassen (mindestens drei Stunden), bis der Reis zerfallen ist. Menge: Sowohl Moro-Suppe als auch Congee können mengenmäßig so genutzt werden wie das reguläre Futter.

Ruhe ist bei Durchfall sehr wichtig.

NAPF-TOPPINGS RUND UM „AKUTEN DURCHFALL“

Steckbrief: Blutwurz (Potentilla erecta)

Blutwurz, auch Bauchwehwurz genannt, gehört zu den Rosengewächsen. Der botanische Name „Potentilla“ (von Potenz) weist bereits auf die „Kraft“ der Pflanze hin. Verwendet wird hier die Wurzel. Blutwurz hat einen sehr hohen Anteil von bis zu 22 % Gerbstoffen: Das verleiht ihr die Fähigkeit, im Darm die Schleimhäute zusammenzuziehen und so Durchfall (und auch Blutungen) zu stoppen, da der Wasseraustausch zwischen Darminneren und Hundeorganismus unterbrochen wird.

REZEPT ELEKTROLYTLÖSUNG

- 1 l Wasser
- 1 TL Salz (idealerweise Stein- oder Himalayasalz)
- 8 EL Traubenzucker
- 1 reife, pürierte Banane

Alles mischen und kühl aufbewahren – hält 24 Stunden. Dem Hund löffelweise direkt ins Maul verabreichen (ggf. mithilfe einer Leerspritze).

Gänsefingerkraut hat entkrampfende Eigenschaften.

Blutwurz kann sich zudem positiv auf gereizte Schleimhäute auswirken. Der Pflanzenstoff Tormentol ist verantwortlich für die Rotfärbung der Wurzel und hat entzündungshemmende sowie antibakterielle Eigenschaften.

Menge als Tee 3 g Blutwurz mit 250 ml kaltem Wasser ansetzen, 5 Minuten aufkochen und die Wurzeln entfernen. 2 bis 3 Mal am Tag 30 ml Tee pro 10 kg Hundegewicht zum Futter oder ins Maul geben.

Aufgepasst! Blutwurz nur so lange verabreichen, bis der Durchfall weg ist – das sollten maximal sieben Tage sein. Der hohe Gerbstoffgehalt kann bei längerer Einnahme die Nährstoffaufnahme verringern. Bei Medikamentengabe unbedingt mit der Tierarztpraxis absprechen.

Topping-Tipp Blutwurz eignet sich bei eher stärkeren Durchfällen und kann Verwendung finden, wenn Blutbeimengungen vorhanden sind. Blut bereitet uns oft viel Sorge, ist aber manchmal eine Begleiterscheinung von Durchfall und ein Hinweis auf eine starke Darmreizung. Ähnlich wie der Blutwurz, aber aufgrund des geringeren Gerbstoffgehaltes etwas sanfter, wirken Brombeerblätter. Sie sind bei leichten Durchfällen zu empfehlen.

Steckbrief: Durchfall-Tee

In die Teemischung kommen Gänsefingerkraut, Kamille und die bereits erwähnten Brombeerblätter. Gänsefingerkraut kommt aus der gleichen Pflanzenfamilie wie Blutwurz. Es wird auch Krampfkraut genannt, wirkt also krampflösend, entzündungshemmend und zudem beruhigend. Darüber hinaus erschwert es Bakterien das Einnisten in der Darmschleimhaut. Kamillenblüten wirken keimtötend, ebenfalls entkrampfend und entzündungshemmend. Sie beruhigen die Schleimhäute von Magen und Darm. Der Tee ist vor allem in den Fällen sinnvoll, in denen dein Hund neben dem Durchfall Bauchschmerzen hat.

Kräutermischung für leichten Durchfall als Tee oder getrocknet
- 50 g Brombeerblätter
- 25 g Gänsefingerkraut
- 25 g Kamillenblüten

Menge als Tee Stelle aus einem Esslöffel der Mischung mit 200 ml kochendem Wasser einen Tee her. 100 ml des Tees pro 10 kg Hundegewicht auf 2 bis 3 Gaben verteilt am Tag füttern.

Menge als getrocknete Kräuter ½ EL der Kräutermischung über den Tag verteilt zum Futter geben. Kräuter dabei gut mörsern bzw. vermahlen.

Topping-Tipp Dieser Tee eignet sich bei leichten Durchfällen. Bei stärkeren Durchfällen ist auch eine Mischung mit Blutwurz möglich.

Steckbrief: Sobamin

Sobamin hast du schon bei den ersten Impfungen Seite 79 kennengelernt. Es kommt im Rahmen von Durchfall zum Einsatz, weil es die Nervenenden in den Schleimhäuten von Magen und Darm beruhigt. Zudem hat Sobamin leicht bindende und ausleitende Eigenschaften, was beim „Abtransport" von Darmkeimen helfen kann.

Menge als Pulver 3 g pro 10 kg Hundegewicht – verteilt auf 2 Gaben während der Durchfallperiode. 14 Tage länger nutzen, als der Durchfall andauert.

Aufgepasst! Bitte nicht zusammen mit Medikamenten verabreichen. Es verfärbt den Kot dunkel, was aber normal ist.

WEITERE 5 NAPF-TOPPINGS BEI DURCHFALL

Topping	Menge pro 10 kg Hundegewicht	Info
Apfel, reiben und braun werden lassen	1 EL pro Mahlzeit	enthaltenes Pektin quillt im Darm auf und bindet Wasser
Flohsamenschalen, ungequollen	1 bis 2 Messerspitze(n) pro Mahlzeit	quellen im Darm auf und binden Wasser
Leinsamen, geschrotet	2 bis 3 Messerspitzen pro Mahlzeit	quellen im Darm auf und binden Wasser
Heidelbeerpulver	1 TL Pulver verteilt auf 2 Gaben	wirkt über enthaltene Gerbstoffe stopfend
Trinkmoor	10 ml	enthält wie Sobamin Huminsäuren (in geringeren Mengen)

EINE VERSTOPFUNG KANN VIELE URSACHEN HABEN

Tritt sie plötzlich und scheinbar ohne Ursache auf, ist schnelles Handeln wichtig.

Futterergänzungen bei Verstopfungen

Bei einer Verstopfung verweilt die Nahrung zu lange im Darm, sodass vermehrt Wasser entzogen wird und der Kot so stark aushärtet, dass er im Enddarm wortwörtlich festsitzt.

Dass sich am hinteren Ende des Hundes so gar nichts mehr tut, kommt seltener vor als Durchfall. Bei einer akuten, plötzlich auftretenden Verstopfung können die Aufnahme von Unverdaulichem (Socke, Plastik, Kuscheltier) oder die Fütterung von zu harten oder zu vielen Knochen bzw. Kauartikeln die Ursache sein. Dein Hund kann dann gar keinen Kot mehr absetzen. Wenn er sonst nicht zu Verstopfungen neigt, solltest du zeitnah mit einer Tierarztpraxis Kontakt aufnehmen. Sie wird dir entsprechende Tipps mit auf den Weg geben.

Bei wiederholt sehr hartem Kot bzw. der Neigung zu sehr festem Kot sind folgende Ursachen möglich:

– falsche Futterzusammenstellung
– unpassendes Futtermanagement (Häufigkeit, Menge)
– Bewegungsmangel
– schwache Verdauung: Der Darm bewegt sich nicht adäquat.
– Schwäche der am Verdauungsprozess beteiligten Drüsen, wie beispielsweise Bauchspeicheldrüse oder Schleimdrüsen in Magen und Darm
– starker Stress
– ausgeprägte Dysbiose
– andere Erkrankungen

Wenn die Fütterung überprüft wurde und nicht die Ursache ist, kannst du über Napf-Toppings die Verdauung deines Hundes in Gang bringen und versuchen, den Kotabsatz zu vereinfachen. Das funktioniert vor allem durch das Anregen der an der Verdauung beteiligten Drüsen über Bitterstoffe sowie über Quell- und Ballaststoffe. Diese vergrößern das Kotvolumen im Darm und üben einen leichten Druck auf die Darmwand aus. Dadurch werden die Darmbewegungen angeregt und somit wird die Verweildauer des Nahrungsbreies im Darm verkürzt. Sollte hier nicht zeitnah eine Verbesserung eintreten, lass deinen Hund von einem Experten bzw. einer Expertin untersuchen.

Gleich in die Praxis

Tritt die Verstopfung plötzlich auf oder hast du den Verdacht, dass dein Hund einen Fremdkörper gefressen hat? Dann handelt es sich um einen Notfall, der umgehend medizinisch abgeklärt werden muss.

Die Bitterstoffe in der Schafgarbe regen die Verdauung an.

NAPF-TOPPINGS BEI „VERSTOPFUNGSNEIGUNG“

Steckbrief: Schafgarbe (Achillea millefolium)

Die Schafgarbe gehört zu den großen Heilpflanzen, die schon vor 2 000 Jahren genutzt wurden. Es handelt sich um eine bitterstoffhaltige Pflanze mit einem deutlich höheren Bitterwert (3 000 bis 5 000) als Löwenzahn (Bitterwert 100). Ihr Einsatz ist unter anderem dann denkbar, wenn es Probleme im Verdauungstrakt gibt, die auf eine unzureichende Verdauungskraft zurückgehen: Schafgarbe kurbelt die Produktion von Verdauungssäften an. Sie ist reich an ätherischem Öl und enthält, ebenso wie Kamille, Chamazulen: Der Pflanzenstoff ist u. a. entzündungshemmend. Schafgarbe kann zudem entkrampfend wirken.

Menge als Saft ½ TL Schafgarbensaft pro 10 kg Hundegewicht.

Menge als Tinktur 40 Tropfen pro 10 kg Hundegewicht. Verteile die Menge jeweils auf die Anzahl der Mahlzeiten, die dein Hund bekommt.

Aufgepasst! Schafgarbe ist als Korbblütengewächs nicht geeignet für Hunde mit Allergien. Nutze die Pflanze bei Erkrankungen von Leber, Galle und Bauchspeicheldrüse nur in Absprache mit deiner Tierarztpraxis.

Topping-Tipp Von Frühling bis Spätsommer kannst du die Schafgarbe selbst sammeln und püriert zum Futter ergänzen: ½ TL pro Tag. Es reicht schon ganz wenig. Auch andere bitterstoffhaltige Pflanzen, wie beispielsweise Chicorée, Endivien, Löwenzahn (auch als Saft), Radicchio oder Rucola, sind möglich.

Steckbrief: Flohsamenschalen (Psyllium)

Flohsamen sind Samen von Wegerichgewächsen, die vor allem in Indien und dem Mittelmeerraum vorkommen. Bei den Flohsamenschalen handelt es sich um die Hülsen dieser Samen, die ein bisschen wie Flöhe aussehen, was ihren Namen geprägt hat. Sie enthalten hohe Mengen an löslichen Ballaststoffen, die schleimbildend sind, wenn sie mit Flüssigkeit in Kontakt kommen. Flohsamenschalen können als Darmregulans sowohl bei Durchfall als auch bei Verstopfungen hilfreich sein. In der getrockneten Variante binden die Schalen Wasser im Darm und machen Flüssiges fester. Fütterst du sie in mit Wasser aufgequollener Form, wird das Kotvolumen erhöht. Dadurch steigt der Druck auf den Darm, was die Darmbewegungen anregt und so Verstopfungen lösen kann. Zudem wird der Kot fluffiger.

Menge der gequollenen Schalen ½ TL pro 10 kg Hundegewicht – verteilt auf 2 Gaben. Lass die Flohsamenschalen mit der zehnfachen Menge Wasser quellen.

Aufgepasst! Die Flohsamenschalen unbedingt vorher gut quellen lassen (am besten mehrere Stunden), sonst können sie Verstopfungen eher verstärken, da sie Wasser im Darm binden.

Topping-Tipp Du kannst auch eine größere Menge vorbereiten und bis zu drei Tage im Kühlschrank aufbewahren.

WEITERE 7 NAPF-TOPPINGS BEI VERSTOPFUNG

Entscheide dich für eine der Optionen und füttere nicht alle parallel.

Topping	Menge pro 10 kg Hundegewicht	Info
Apfelessig (bio, naturtrüb)	1 TL pro Tag	Der Säuregehalt im Essig regt den Stoffwechsel an und fördert die Bildung von Magensäften. Nicht nutzen bei Problemen mit der Magenschleimhaut.
Fermentiertes	1 EL pro Tag	Sauerkraut (milchsauer vergoren, nicht pasteurisiert und ungewürzt) regt über die Ballaststoffe die Darmbewegungen an.
Bittertropfen (Bitterliebe, mild)	10 Tropfen - verteilt auf 2 Gaben	Bitterstoffhaltige und anregende Pflanzen; langsam Menge steigern; nicht dauerhaft nutzen und nicht bei Problemen mit der Magenschleimhaut.
Gemüsesaft	50 ml - verteilt auf die Mahlzeiten	Gemüsesaft (beispielsweise Möhrensaft) erhöht einerseits den Ballaststoffanteil und somit das Kotvolumen und andererseits die Flüssigkeitsmenge in der Nahrung.
Getrocknete Früchte, wie beispielsweise Feigen oder Pflaumen	1/2 Frucht - verteilt auf die Mahlzeiten	Enthält Pektin und Zellulose, die im Darm quellen und über den Druck die Verdauung anregen, zudem sind größere Mengen Sorbit enthalten. Dieser Stoff bewirkt, dass Wasser in den Darm gezogen und somit der Verdauungsbrei verflüssigt wird.

BAUCHSCHMERZEN SIND OFT MAGENSCHMERZEN

Probleme mit dem Magen erkennst du meist an ihren Symptomen: Erbrechen, Schmatzen, Bauchgeräusche.

Magenprobleme

Bei uns Menschen startet die Verdauung durch ordentliches Kauen bereits im Mund, beim Hund beginnen die Verdauungsprozesse erst im Magen.

Der Magen ist stark dehnbar und im Bauchraum beweglich aufgehängt. Sowohl in Richtung Speiseröhre als auch in Richtung Darm ist er mit Klappen verschlossen. Ausgekleidet ist er mit einer Schleimhautschicht, die die Muskulatur des Magens vor Magensaft schützt. Obwohl die Bezeichnung „Magensaft" eher lieblich klingt, hat es dieser Saft in sich: Er ist sauer und besteht vor allem aus Wasser, Schleim, Salzsäure und Enzymen, welche die Verdauung einleiten. Der Magensaft hat neben der Verdauungsleistung zudem die Aufgabe, Krankheitserreger abzutöten. Das passiert aber nur, wenn das Milieu entsprechend sauer ist. Bei einem gesunden Magen laufen die Verdauungsprozesse problemlos ab und der Nahrungsbrei wird nach und nach in den Darm weitergeschoben. Doch wenn das Milieu im Magen gestört ist, kommt es zu Problemen:

– Dein Hund schmatzt vermehrt.
– Er leckt sich ständig über die Nase oder scheint vermehrt Speichel abzuschlucken.
– Er hat auffällig viele Bauchgeräusche.
– Es kommt zu vermehrtem Strecken, der Hund ist unruhig und sucht immer wieder kältere oder wärmere Plätze auf – ein Hinweis auf Bauchschmerzen.
– Es kommt zu Leckanfällen, in denen der Hund wie im Wahn Dinge abschleckt, Gras frisst oder sich sogar Textilien einverleibt.

All diese Verhaltensweisen deuten darauf hin, dass das sensible Zusammenspiel aus Magensaft, Magenschleimhaut als Schutz und Magenmotorik gestört ist. Es ist sinnvoll, die Symptome in einer Tierarztpraxis abklären zu lassen und auch die Fütterung deines Hundes zu überprüfen. Neben organischen Ursachen wie eine Magenschleimhautentzündung kann eine Futtermittelunverträglichkeit oder eine falsche Zusammensetzung des Futters die Symptome auslösen. Ebenso können Magenprobleme durch Stress oder Reizungen, beispielsweise dem Fressen von zu viel Kaltem, wie Schnee oder Hundeeis, entstehen. In Tierarztpraxen werden die Symptome häufig über Magensäureblocker behandelt, wenngleich eine Übersäuerung nicht immer der Auslöser ist. Ob dein Hund ggf. an einer Über- oder Untersäuerung leidet, kannst du leider nur über „Try & Error" herausfinden und es braucht Zeit. Hol dir am besten Rat bei ExpertInnen. Nachfolgend findest du hilfreiche Maßnahmen, die du sofort umsetzen kannst.

NAPF-TOPPINGS RUND UM DIE „MAGENSCHLEIMHAUT"

Schleimstoffe

Pflanzen mit einem hohen Gehalt an Schleimstoffen haben eine Gemeinsamkeit: Kommen sie mit Wasser in Berührung, bildet sich Pflanzenschleim. Dieser kann sich als schützende Schicht auf die Magenwand legen und hierbei die natürliche Magenschleimhaut unterstützen, wenn diese angegriffen ist. Ihre entzündungshemmende Wirkung ist beispielsweise bei einer Reizung der Magenschleimhaut hilfreich.

Aufgepasst! Durch die Gabe von Schleimstoffen kann sowohl die Aufnahme von Nährstoffen als auch von Medikamenten gehemmt werden. Besprich hier mit deiner Tierarztpraxis, welcher zeitliche Abstand ausreichend ist.

Topping-Tipp Nutze Pflanzenschleim am besten direkt vor dem Schlafengehen oder 30 Minuten vor der Fütterung. Zusammen mit Futter gefüttert, kann er seine Wirkung nicht optimal entfalten. Wenn ein einschleimender Effekt gewünscht ist und dein Hund gleichzeitig ein paar Kalorien zu sich nehmen soll, dann eignen sich Haferschleim oder Congee. Congee ist eine gute Alternative für Hunde, die Hafer nicht vertragen. Congee wirkt insgesamt regulierend auf die Verdauung. Durch die flüssige Form versorgt Congee den Hund zusätzlich mit Flüssigkeit. Das Rezept findest du bei Erste Hilfe bei Durchfall auf Seite 154.

Menge Nach Bedarf esslöffelweise zum Futter dazu oder zum Anfüttern bei Magenproblemen.

Topping-Tipp Du kannst alle genannten Schleimstoffe mit Kamillenblütentee zubereiten oder mischen. Die Kamille verstärkt durch ihren hohen Gehalt an Schleimstoffen den Effekt und ist zudem entzündungshemmend.

Steckbrief: Hericium erinaceus

Der Vitalpilz Hericium erinaceus, auch als Löwenmähne bekannt, hat aufgrund seiner Pflanzenstoffe einen Bezug zum Verdauungstrakt und hier besonders zum Magen. Neben der schleimhautschützenden Wirkung gibt es bei diesem Vitalpilz Hinweise, dass er gegen Helicobacter pylori wirkt. Hierbei handelt es sich um eine Bakterienart, die bei übermäßigem Auftreten im Magen zu Entzündungen führen kann.

REZEPT HAFERSCHLEIM

Haferschleim ist ein Brei aus Haferflocken und Wasser. Er ist besonders nahrhaft und gleichzeitig schonend für den Verdauungstrakt. Er kann neben Problemen mit dem Magen auch zur allgemeinen Stärkung gefüttert werden. Hergestellt wird er aus zarten Haferflocken, die im Verhältnis 1:3 mit Wasser vermischt und aufgekocht werden. Es entsteht eine breiige Konsistenz. Haferschleim kann abgekühlt allein oder zum Futter dazu gefüttert werden.

Menge als Extrakt 1 Kapsel (300 – 350 mg) pro 10 kg Hundegewicht – verteilt auf 2 Gaben. Schleiche den Pilz über eine Woche ein, da es anfangs zu weicherem Kot kommen kann.

Aufgepasst! Hericium sollte aufgrund seiner Wirkung auf das Verdauungssystem zwei Stunden versetzt zu Medikamenten gegeben werden. Gib den Vitalpilz auch nicht mit Schleimstoffen.

NUTZEN KANNST DU DIE SCHLEIME FOLGENDER PFLANZEN

Topping	Menge pro 10 kg Hundegewicht	Info
Ulme (Rinde)	4 g	Das Pulver der Ulmenrinde wird kalt mit Wasser angerührt (4 g auf 20 ml).
Eibisch (Wurzel)	2 g	Das Pulver der Eibischwurzel wird kalt mit Wasser (2 g auf 30 ml) vermischt.
Lein (Samen)	3 g	Leinsamen werden für eine Stunde in kaltem Wasser eingeweicht (3 g auf 50 ml), dann abseihen. Der entstehende Leinsamenschleim wird ggf. leicht erwärmt und ohne Leinsamen gefüttert.
Malve (Blüten)	4 g	Malvenblüten werden zu einem Tee aufgebrüht, der dann lauwarm gefüttert wird.

Die Kamille ist wohl die bekannteste Pflanze mit Bezug zum Magen.

BITTERSTOFFE

Während Schleimstoffe die Magenschleimhaut schützen, können Bitterstoffe auf die Magenmotorik und Produktion von Magensaft einwirken und diese fördern. Hierdurch kommt es zu einer Regulierung des pH-Werts im Magen. Das ist besonders dann hilfreich, wenn deinem Hund das Futter schwer im Magen liegt, er immer wieder rülpst oder Bauchgeräusche hat. Auch das Auftreten der Symptome einige Zeit nach der Fütterung kann ein Indiz sein, dass Bitterstoffe helfen können. Die Bitterstoffe haben wir dir schon im Kapitel Pflanzenstoffe und ihre Superkräfte, Seite 46, vorgestellt. Du kannst wählen, ob du zunächst Gemüse mit einem hohen Gehalt an Bitterstoffen, Löwenzahn oder Schafgarbe versuchen möchtest. Alle regen die Produktion von Verdauungssäften an und bewirken einen schnelleren Weitertransport des Nahrungsbreis in Richtung Darm. Wir möchten dir an der Stelle aber noch eine besondere Pflanze empfehlen:

Steckbrief: Engelwurz (Angelica archangelica)

Engelwurz ist ein Bestandteil des bekannten Kräuterschnaps Schwedenbitter und gehört zur Rezeptur von Klosterfrau Melissengeist. Sie trägt auch den Beinamen Magenwurz – ein direkter Hinweis auf die Superkräfte der enthaltenen Pflanzenstoffe, die vor allem durch die enthaltenen Bitterstoffe einen Bezug zur Verdauung haben. Engelwurz ist verdauungsfördernd, entkrampfend und appetitanregend und kann auch genutzt werden, wenn Hunde insgesamt sehr schwach sind.

Menge als Pulver 2 g pro 10 kg Hundegewicht – verteilt auf 2 Gaben. Angelica kann bei guter Verträglichkeit dauerhaft genutzt werden. Bei Verbesserung der Symptome auf die Hälfte reduzieren.

Aufgepasst! Nicht bei Hunden mit Erkrankungen der Galle und bei Magengeschwüren verwenden. Starte immer mit einer kleineren Menge und erhöhe sie langsam. Die Pflanze steigert die Lichtempfindlichkeit der Haut, Vorsicht daher bei Nackthunden oder bei Hunden mit wenig Fell.

Neben den Reizungen der Magenschleimhaut sind auch Blähungen ein häufiges Thema. Auch hier solltest du die Fütterung auf den Prüfstand stellen, wenn dein Hund häufiger pupst. Blähungen können ein Indiz für eine Futterunverträglichkeit oder schlechte Futterqualität sein. Auch ein zu hastiges Fressen und dadurch ein vermehrtes Abschlucken von Luft machen sich über Blähungen bemerkbar.

Bitterstoffe, wie hier die Engelwurz, kannst du auch als Tinktur füttern.

Fenchel ist ein Superstar bei Blähungen.

DIE NAPF-TOPPINGS RUND UM „BAUCHSCHMERZEN UND -KRÄMPFE“

Steckbrief: Fenchel (Foeniculum vulgare)
Neben dem bitteren Fenchel gibt es den süßen Fenchel. Beide haben die gleiche Wirkung und wurden bereits im Mittelalter als Pflanze gegen Blähungen eingesetzt. Diese entblähenden und entkrampfenden Eigenschaften sind vor allem dem enthaltenen ätherischen Öl zuzuschreiben. Fenchel eignet sich daher gut bei Blähungen und leichten Problemen mit Sodbrennen und Bauchweh.

Menge als Samen 3 Fenchelsamen pro 10 kg Hundegewicht zerstoßen zu jeder Fütterung.

Aufgepasst! Fenchel nicht während einer Scheinschwangerschaft nutzen, denn er regt die Milchbildung an.

Topping-Tipp Wenn dein Hund immer wieder mit Blähungen ein Thema hat, empfiehlt es sich, Fenchel als Gemüse in die Fütterung zu integrieren. Bei leichten Problemen eignet sich auch ein Fencheltee. Aufgrund des höheren Gehalts an ätherischen Ölen (v. a. Fenchon) sind die Samen zu bevorzugen.

4 WEITERE FUTTERERGÄNZUNGEN BEI MAGENPROBLEMEN

Topping	Menge pro 10 kg Hundegewicht	Info
Melisse	100 ml als Tee auf 2 bis 3 Gaben verteilt	entkrampfend und vor allem sinnvoll bei Hunden, die stressbedingt Magenprobleme haben
Pfefferminze	100 ml als Tee auf 2 bis 3 Gaben verteilt oder 3 Sprühstöße als Hydrolat zum Futter	entkrampfend und „kühlend" bei Magenreizungen; bei (Reise-)Übelkeit
Sanddornfruchtfleischöl	2 Tropfen zweimal am Tag geben (direkt ins Maul oder über das Futter)	Regeneration der Zellen von Magen- und Darmschleimhaut, entzündungshemmend und antibakteriell
Zimt (nur Ceylon-Zimt)	0,2 g als Pulver – einmal am Tag	bei Bauchgeräuschen

Steckbrief: Kümmel (Carum carvi)

Der Kümmel ist eine mehrjährige Pflanze aus der Familie der Doldenblütler, von der die getrockneten Früchte – die Kümmelfrüchte – verwendet werden. Geschmack und Geruch von Kümmel sind speziell, aber die meisten Hunde akzeptieren das intensive Aroma gut. Auch hier sind die enthaltenen ätherischen Öle die Inhaltsstoffe, die für die entkrampfende Wirkung von Kümmel sorgen. Neben den krampflösenden und damit entblähenden Eigenschaften wird dem Kümmel eine antibakterielle Wirkung zugeschrieben.

Kümmel am besten immer frisch mörsern bzw. zerkleinern.

Menge 3 Kümmelfrüchte pro 10 kg Hundegewicht zerstoßen zu jeder Fütterung.

Aufgepasst! Durch die entblähende Wirkung kann es sein, dass dein Hund zu Beginn etwas mehr pupst. Das legt sich innerhalb von wenigen Tagen. Bitte Vorsicht bei Hunden, die unter Krampfanfällen leiden. Kümmel nicht während einer Scheinschwangerschaft nutzen, denn er regt die Milchbildung an.

Topping-Tipp Die ätherischen Öle in Fenchel und Kümmel verflüchtigen sich schnell. Kaufe daher immer die kompletten Früchte und mörsere sie direkt vor der Nutzung.

Die Ursachensuche bei Nüchtern-erbrechen ist oft gar nicht so leicht.

NÜCHTERNERBRECHEN

Viele Hundehalter und Hundehalterinnen kennen das Phänomen: Der Hund erbricht in den frühen Morgenstunden eine weißlich-gelbliche Flüssigkeit. Das Nüchtern- oder Galleerbrechen ergibt sich wahrscheinlich dadurch, wenn der Hundemagen leer ist und in der Nacht Verdauungssaft aus dem Darm in den Magen zurückläuft. Dort hat er nichts zu suchen und reizt die Magenschleimhaut. In der Folge erbricht dein Hund. Nachdem der Magen wieder gefüllt wurde, verschwinden die Symptome. Oft hilft eine Kombination an Maßnahmen, die vor allem darauf basiert, dass Fütterungszeiten verändert und die Zusammenstellung der Fütterung angepasst werden. Wenn dein Hund vor allem morgens nüchtern erbricht, ist es empfehlenswert, die abendliche Fütterung später zu geben oder ihm einen kohlenhydrathaltigen Gute-Nacht-Snack anzubieten. Teste dich hier am besten durch die verschiedenen Optionen, denn nicht alles hilft bei jedem Hund:

DAS HILFT BEI „NÜCHTERNERBRECHEN“

Topping	Wirkung
Zugabe von Fett wie Ghee	Fett bewirkt, dass der Nahrungsbrei länger im Magen verweilt und sich somit der Magen nicht so schnell entleert. Bei einer selbst gemachten Fütterung kannst du auch fettreiches Fleisch einsetzen.
Kohlenhydratzugabe wie gepopptes (Pseudo-)Getreide oder Haferschleim	Die Kohlenhydrate verändern den pH-Wert im Magen und „saugen“ Magensäure auf.
Kamille (als Tee) oder Dill (püriert)	regulieren die Magenbewegungen.
Kümmel-Kartoffel-Leinsamen-Wasser (KüKaLeiWa)	beruhigt eine gereizte Magenschleimhaut.

VORSICHT BEI DIESEN NAPF-TOPPINGS

Wenn dein Hund eines der genannten Magenprobleme hat, solltest du einige Dinge hinsichtlich möglicher Napf-Toppings, aber auch der Gabe von Leckerlis und Kauartikeln beachten. Folgende Napf-Toppings können die Probleme intensivieren:

– Fruchtsäure (Obst) und Scharfstoffe (z. B. Ingwer) sind nicht geeignet: Sie können Schleimhäute reizen und Beschwerden steigern.

– Futterergänzungen, die auf die Produktion von Magensäure einwirken oder mit der Magensäure reagieren. Das ist beispielsweise Natron. Die Neutralisierung der Magensäure durch das enthaltene Natriumbicarbonat kann zwar vorübergehend die Symptome von Sodbrennen lindern. Den Einsatz bei Hunden empfehlen wir nicht, solange unklar ist, woher die Problematiken des Magens kommen. Leidet der Hund beispielsweise gar nicht unter einer Überproduktion von Magensäure, kann die Zugabe von Natron die Situation sogar verschlimmern.

– Problematisch können auch Futterergänzungen mit Calciumcarbonat sein. Calciumcarbonat steckt vor allem in Eierschalenmehl und in Algenkalk. Die Calciumverbindung kann mit der Magensäure reagieren, Kohlendioxid bilden und durch diese chemische Reaktion Sodbrennen verstärken.

LECKERLIS UND KAUARTIKEL

Viele Magenprobleme sind auch „menschgemacht“, indem wir die Verdauung nicht zur Ruhe kommen lassen. Wenn dein Hund permanent verdaut, wird auch stetig Magensaft gebildet und die Magenschleimhaut muss regelrecht Überstunden schieben. Wichtig sind daher Ruhepausen für die Verdauung, in der dein Hund nichts bekommt – auch keine Leckerlis oder Snacks. Betrachte euren Alltag einmal dahingehend, wie oft du deinem Hund am Tag etwas Leckeres zwischendurch gibst: Mit den Mahlzeiten, Trainingssnacks und Kauartikeln ist das bei vielen Hunden ganz schön oft. Die Lösung kann ganz einfach sein: Die „Nebenbei-Fütterung“ stark zu reduzieren und Trainingseinheiten mit Leckerlis in die zeitliche Nähe zur Fütterung zu legen, sodass der Magen alles zusammen verdauen kann.

REZEPT KÜKALEIWA

- 1 mehlige Kartoffel
- 1 TL Leinsamen
- 1 TL Kümmelkörner
- 1/2 Liter Wasser

Alles zusammen aufkochen und dann 30 Minuten köcheln lassen. Kartoffel, Samen und Körner abseihen und die schleimige Flüssigkeit über den Tag verteilt füttern.

BELOHNUNGEN SIND IM ZUSAMMENLEBEN MIT HUNDEN WICHTIG

Findet die Verdauung aber aufgrund von ständigen Futterbelohnungen gar keine Ruhe mehr, kann das Verdauungsprobleme begünstigen.

Husten und Heiserkeit

Auch Hunde können sich erkälten, vor allem im Herbst. Viele Hausmittel, die dir helfen, helfen ebenso deinem Hund und dürfen als Topping im Napf landen.

Du kannst deinen Hund bei Husten und Heiserkeit unterstützen, indem du sein Futter möglichst weich und breiig gestaltest. So vermeidest du eine weitere Reizung des Rachens durch Trockenfutterkroketten oder stückige Bestandteile. Leicht erwärmte Knochensuppe kann in solchen Fällen ein gutes Stärkungsmittel sein (siehe Seite 145).

Der Herbst als typische Erkältungszeit, auch für den Hund.

NAPF-TOPPINGS BEI „HUSTEN UND HEISERKEIT"

Steckbrief: Echter Salbei (Salvia officinalis)
Die heilende Funktion steckt dem Salbei schon im Namen: Salvare stammt aus dem Lateinischen und bedeutet „heilen". Zur Gattung gehören bis zu 500 Arten. Aufgrund der enthaltenen ätherischen Öle kann Salbei das Wachstum von Bakterien, Viren und Pilzen hemmen. Die Pflanze verstärkt zudem die Schleimbildung. Das ist hilfreich bei Hunden, die nicht gut abhusten können bzw. bei denen Sekret festsitzt.

Menge als Tee 3 g Salbei mit 250 ml Wasser aufkochen; 100 ml Tee pro 10 kg Hundegewicht verteilt auf 2 Gaben bis zum Abklingen der Beschwerden füttern.

Aufgepasst! Salbei sollte man nicht bei trächtigen und säugenden Hündinnen nutzen und nicht bei Hunden mit Epilepsie.

Topping-Tipp Du solltest Salbei nicht direkt vor dem Schlafengehen als Napf-Topping verwenden, damit eure Nachtruhe nicht gestört wird.

Honig

Den Einsatz von Bienenprodukten haben wir schon einige Male aufgegriffen. Bei Hals- und Rachenentzündungen ist vor allem Honig wirkungsvoll, denn er hat folgende Eigenschaften:
- schleimlösend – erleichtert das Abhusten von Schleim
- beruhigend – durch die Konsistenz legt er sich auf die Schleimhäute und reduziert somit Reizungen
- antibakteriell – dies ist besonders bei Infektionen sinnvoll
- antioxidativ – unterstützt das Abheilen von Entzündungen

Bei Husten und Heiserkeit kann jede Art von Honig verwendet werden, besonders gut eignet sich hierfür aber Fenchelhonig. Fenchelhonig ist Honig, der aus dem Nektar von Fenchelblüten (Foeniculum vulgare) gewonnen wird, und der Fenchel unterstützt hierbei die reizlindernde Wirkung des Honigs.

Menge 1 TL pro 10 kg Hundegewicht – auf 2 Gaben verteilt bis zum Abklingen der Symptome.

Topping-Tipp Eine ganz besondere Form von Honig ist der aus Neuseeland stammende Manuka-Honig. Hier sammeln die Bienen den Nektar der Südseemyrte. Im Gegensatz zu herkömmlichem Honig enthält der Manuka-Honig sehr viel Methylglyoxal sowie Leptosperin. Vor allem dem Methylglyoxal wird hierbei die antibakterielle Wirkung zugeschrieben. Das heißt, je mehr Methylglyoxal im Manuka zu finden ist, desto höher ist seine antibakterielle Kraft. Im üblichen Honig sind Gehalte von maximal 1 bis 2 mg pro Kilo üblich, im Manuka sind Gehalte von 300 mg pro Kilo und höher zu finden.

Menge ½ TL pro 10 kg Hundegewicht – auf 2 Gaben verteilt – bis zum Abklingen der Symptome.

Salbei als Hausmittel bei Husten kennst du bestimmt schon.

Aufgepasst! Hunde können auf Bienenprodukte allergisch reagieren. Mache daher immer zuerst einen äußerlichen Test in einer Hautfalte. Im Humanbereich wird davon abgeraten, Kindern unter einem Jahr Honigprodukte zu verabreichen. Dies geht auf die noch nicht vollständig ausgereifte Besiedlung des Darms mit Bakterien zurück. Dadurch können sich Bakterien ausbreiten, die Neurotoxine bilden, was unter der Bezeichnung Säuglingsbotulismus bekannt ist. Da sich auch bei Welpen die Darmflora erst entwickelt, raten wir auch bei sehr jungen Hunden vom Einsatz von Honig ab.

Steckbrief: Spitzwegerich (Plantago lanceolata)

Der Spitzwegerich ist eine bekannte Heilpflanze für die Atemwege. Der Grund hierfür ist eine Kombination aus enthaltenen Schleimstoffen, die einen Schutzfilm auf den entzündeten Rachen legen und bei der Heilung helfen können, sowie dem sekundären Pflanzenstoff Aucubin. Nur wenige Pflanzen enthalten Aucubin, das nicht nur verhindert, dass der Saft aus Spitzwegerichblättern schimmelt, sondern auch entzündungshemmend und abtötend auf Bakterien wirkt. Da durch die Einwirkung von Hitze die antibakterielle Wirkung aufgehoben wird, empfehlen wir frischen Spitzwegerichsaft.

Menge als Saft 1,5 TL pro 10 kg Hundegewicht – verteilt auf 3 Gaben (z. B. vom Biohof Stövesandt). Den Saft kannst du mit etwas warmen Wasser vermischen. Nutze den Saft bis zum Abklingen der Beschwerden.

Topping-Tipp Schlecken hilft gegen Husten und Heiserkeit. Verbinde hierfür die Gabe von Spitzwegerich und Honig. Verwende als Basis etwas, das dein Hund gerne mag und verträgt, wie beispielsweise Quark oder Gemüsebrei, und gib Spitzwegerich und/oder Honig dazu. Streiche die Masse dann auf eine Schleckmatte oder die Innenseiten des Napfes und lasse deinen Hund das Ganze genüsslich abschlecken. So intensivierst du die positiven Effekte, da die beiden Napf-Toppings länger Kontakt mit den Schleimhäuten haben.

Gemmo-Mittel

Neben den Napf-Toppings kannst du deinen Hund auch äußerlich unterstützen, beispielsweise durch Inhala-

1

2

tionen und Wärme. Wenn die Erkältung noch nicht stark ist, du aber die Befürchtung hast, dass sich etwas anbahnt oder dein Hund zu Infekten neigt, dann kann die Gemmotherapie Hilfe leisten. Die Gemmotherapie ist eine Form der Pflanzenheilkunde, die sich auf die Verwendung von Pflanzenknospen stützt.

Steckbrief: Schwarze Johannisbeere (Ribes nigrum)

Ribes nigrum ist wohl eines der bekanntesten Gemmo-Mittel. Vor allem durch das enthaltene Vitamin C macht es den Körper widerstandsfähiger und stärkt das Immunsystem. Die Schwarze Johannisbeere ist dabei auch überaus effektiv, um Entzündungen zu lindern.

Menge als Tropfen 4 Tropfen pro 10 kg Hundegewicht – verteilt auf 2 Gaben direkt ins Maul oder auf das Futter, bis die Beschwerden abklingen.

Aufgepasst! Gemmo-Mittel enthalten eine kleine Menge Alkohol. Die Menge ist für deinen Hund unbedenklich, du solltest aber auf das Mittel verzichten, wenn er eine Lebererkrankung hat. Eine alkoholfreie Variante stellt das Pulver der Zistrose (Cistus incanus) dar. Die Zistrose ist stark antibakteriell und wirkt direkt im Rachenraum, vor allem zu Beginn eines Infektes. Damit sie am Ort des Geschehens helfen kann, sollte sie dort möglichst lange verweilen. Das wird erreicht, indem du 2 g des Pulvers mit etwas Leckerem auf eine Schleckmatte gibst.

1. Für einen selbstgemachten Hustensaft brauchst du Zucker bzw. Honig und Spitzwegerich.
2. Reinige den Spitzwegerich und zerkleinere ihn.
3. Das Kraut wird nun abwechselnd mit Zucker/Honig in ein Glas geschichtet. Oben sollte es komplett mit Honig bedeckt sein.
4. Lasse die Mischung mehrere Wochen ziehen, bis sich der Honig verflüssigt hat.

3

4

BEWEGUNG GEHÖRT ZU EINEM GESUNDEN HUNDELEBEN

Erkrankungen wie Hüft- oder Ellenbogendysplasien und daraus folgende Entzündungs- und Schmerzprozesse können die Lust auf Bewegung stark vermindern.

Erkrankungen des Bewegungsapparats

Erkrankungen des Bewegungsapparats sind kein Phänomen des Alters, sondern betreffen auch junge Hunde. Sie schränken die Lebensqualität dann stark ein.

Die folgenden Napf-Toppings richten sich vor allem nach den Symptomen, die dein Hund hat. Die häufigsten Erkrankungen des Bewegungsapparates sind:

- Arthrose
- Hüft- (HD) und Ellenbogendysplasie (ED)
- Spondylose
- Patellaluxation
- Kreuzbandriss
- Bandscheibenvorfall

All die Erkrankungen müssen engmaschig durch deine Tierarztpraxis begleitet und ggf. medikamentös und/oder chirurgisch behandelt werden. Lass dich dort auch beraten, wie du Schmerzen bei deinem Hund erkennst. Hunde zeigen das zum Teil sehr subtil und du solltest gut informiert sein, um keine Schmerzanzeichen zu übersehen. Zudem empfehlen wir dir immer, deinen Hund auch mit physiotherapeutischen Übungen zu unterstützen. Der Hüft- und Ellenbogendysplasie ist gemeinsam, dass sie zu einem Abbau von Knorpelmasse in den Gelenken und so schlussendlich zu Entzündungen, Schmerzen und Lahmheit führen. Bei Erkrankungen wie dem Bandscheibenvorfall ist es darüber hinaus möglich, dass Nervenfunktionen beeinträchtigt werden.
Der Einsatz von Futterergänzungen in diesem Bereich ist Gegenstand vieler Diskussionen, die auch dadurch entstehen, dass es noch keine ausreichende Forschung zum Einsatz und zur Wirkung gibt. Wenn dein Hund unter einer Erkrankung des Bewegungsapparats leidet, sollte dir bewusst sein, dass du wahrscheinlich verschiedene Ergänzungen ausprobieren und kombinieren musst. Aus Erfahrung können wir dir sagen: Es lohnt sich! Das Ziel ist es stets, Entzündungen zu vermindern und damit idealerweise Schmerzen zu verringern. Wir haben dir verschiedene Möglichkeiten zur Vorsorge bereits im Kapitel Bewegungsapparat auf Seite 94 vorgestellt, wie Grünlippmuschelpulver und Omega-3-Fettsäuren. Die kannst du auch nutzen, wenn Symptome auftreten. Die nachfolgenden Empfehlungen eignen sich vor allem, wenn der Bewegungsapparat schon stärker geschädigt ist.

NAPF-TOPPINGS RUND UM DEN „SCHMERZHAFTEN BEWEGUNGS-APPARAT“

Durch Unterstützung fit bis ins hohe Alter.

Steckbrief: Weihrauch (Boswellia serrata)

Weihrauch ist das Harz des Weihrauchbaums. Dieser Baum wächst hauptsächlich in den trockenen Regionen von Indien, Nordafrika und dem Nahen Osten. Das Harz wird aufgrund seiner entzündungshemmenden Eigenschaften auch in der Naturheilkunde verwendet. Die Inhaltsstoffe im Weihrauchharz, vor allem die Boswelliasäuren, sollen Enzyme hemmen, die an Entzündungsprozessen beteiligt sind. Dadurch kann es dann zu einer Reduzierung von Schmerzen kommen.

3 WEITERE ERGÄNZUNGEN FÜR DEN BEWEGUNGSAPPARAT

Topping	Wirkung
MSM (Methylsulfonylmethan)	Wahrscheinlich hat es eine entzündungshemmende Wirkung und kann ggf. die Wirkung anderer Ergänzungen verstärken.
Vitamin-B-Komplex	Diese unterstützen die Reizweiterleitung und eignen sich besonders dann, wenn durch die Erkrankung Nerven in Mitleidenschaft gezogen wurden, beispielsweise bei Spondylosen.
Ginkgo	Die Ginkgoblätter können die Durchblutung von Geweben verbessern und damit die Versorgung mit Nährstoffen und Sauerstoff optimieren.

REZEPT GOLDENE PASTE

- ca. 250 ml Wasser
- 60 g Kurkumapulver (idealerweise in Bio-Qualität)
- 70 ml Kokosöl
- 1 TL frisch gemahlener schwarzer Pfeffer

Wasser und Kurkuma in einem Topf vermischen und unter Rühren aufkochen. Hitze reduzieren und bei mäßiger Wärme andicken lassen. Dabei regelmäßig rühren. Wenn die Paste zu flüssig ist: Kurkuma ergänzen, wenn sie zu fest ist: Wasser hinzufügen. Kokosöl und frisch gemahlener Pfeffer werden erst nach dem Kochen eingerührt. Die fertige Paste in ein verschließbares Glas geben und auskühlen lassen. Sie hält sich ein paar Wochen im Kühlschrank.

Menge als Trockenextrakt 400 mg Boswellia serrata pro 10 kg Hundegewicht – einmal am Tag über mindestens 4 Wochen. Auch eine Dauergabe ist möglich, wobei es zu Gewöhnungseffekten kommen kann.

Aufgepasst! Bei Erkrankungen müssen die Ergänzungen individuell an den Hund angepasst werden. Es ist wichtig, auf die Qualität zu achten. Da die Nachfrage steigt, werden viele Produkte gestreckt oder stammen aus dubiosen Quellen.

Steckbrief: Kurkuma (Curcuma longa)

Kurkuma gehört zu den Ingwergewächsen (Zingiberaceae). Genutzt wird die leuchtend gelb-orangefarbene Wurzel. Für die Farbe, aber auch für die möglichen Wirkungen verantwortlich, ist das enthaltene Curcumin. Es hat entzündungshemmende und antioxidative Eigenschaften, ist für den Hund aber schlecht bioverfügbar: Es wird schlecht aufgenommen, sehr schnell verstoffwechselt und schnell wieder ausgeschieden. Du kannst die Aufnahmefähigkeit durch zwei Maßnahmen optimieren: die Zugabe von Öl und Peperin (z. B. aus schwarzem Pfeffer). Es entsteht die bekannte Goldene Paste.

Menge als Paste Bitte vorsichtig einschleichen und langsam bis auf 1,5 g pro 10 kg Hundegewicht – einmal am Tag – steigern. Füttere die Goldene Paste mindestens 4 Wochen und dann kurweise.

Aufgepasst! Es kann bei einigen Hunden dazu kommen, dass der Kot sehr hart wird. Reduziere dann die Menge.

Topping-Tipp Du findest auch verschiedene Kombi-Produkte mit den genannten Inhaltsstoffen, beispielsweise Pahema, DHN, Küstenläufer und Waldkraft. Wenn dein Hund Symptome zeigt, ist es hilfreich, Napf-Toppings mit einem hohen Gehalt an Antioxidantien zu nutzen (siehe Antioxidantien – die Unterstützung bei Zellstress, Seite 124).

Gesundheit von Haut und Fell

Wenn wir unsere Hunde streicheln, wollen wir kein stumpfes, trockenes Fell spüren. Vielmehr soll es weich und glänzend sein. Denn es ist Ausdruck von Vitalität und Gesundheit, oder?

Im Großen und Ganzen können wir das so bestätigen, denn nur dann, wenn dein Hund gesund und der Stoffwechsel grundlegend mit allen Nährstoffen versorgt ist, kann der Organismus auch Spurenelemente für die Haut abzwacken. Deren Versorgung ist im Ernstfall nämlich nicht überlebensnotwendig. Daher können sich Fehlversorgungen mit Nährstoffen und auch Krankheiten über das Fell deines Hundes zeigen. Auch andere, eher harmlose Ereignisse wie Fellwechsel, hormonelle Schwankungen und Stress können weniger Glanz, mehr Struppigkeit und Schuppen bedeuten.

NAPF-TOPPINGS RUND UM „HAUT- UND FELLGESUNDHEIT“

Steckbrief: Nachtkerze (Oenothera biennis)

Die Fettsäuren, und dabei vor allem die entzündungshemmenden Omega-3-Fettsäuren, sowie gamma-Linolensäure und Linolsäure, sind dir schon mehrmals in diesem Buch begegnet und für die Hautgesundheit auch wichtig (siehe Öle Seite 39). Ein Öl mit einer hohen Menge an gamma-Linolensäure, die Wirkungen bei Hautentzündungen hat, ist das Nachtkerzenöl. Das Öl wird aus Samen der Gewöhnlichen Nachtkerze gewonnen. Die Pflanze kommt ursprünglich aus Nordamerika, wurde aber nach Europa eingeschleppt und wird heutzutage auch bei uns kultiviert. Wusstest du, dass die Blüten der Nachtkerze sich nur nachts zeigen?

Menge 1 ml pro 10 kg Hundegewicht – einmal am Tag, mind. 12 Wochen oder dauerhaft bei stärkeren Hautproblemen.

Steckbrief: Zink

Bei Zink handelt es sich um ein Spurenelement, das zwei wichtige Funktionen im Stoffwechsel der Haut aufweist: Einerseits ist es an der Teilung von Hautzellen beteiligt und andererseits wichtig für die Herstellung der Proteine, aus denen Fell und Krallen bestehen. Fehlt deinem Hund Zink, können Fellverluste und Krallenveränderungen die Folgen sein. Auch Liegeschwielen können entstehen.

Menge 0,5 g pro 10 kg Hundegewicht einmal am Tag als Kur über 6 bis 8 Wochen. Geeignet sind hier auch Produkte auf Tropfenbasis (beispielsweise Naturtreu, 3 Tropfen pro 10 kg Hundegewicht).

Aufgepasst! Die Aufnahme von Zink wird in der Fütterung durch hohe Mengen an Antinährstoffen, wie sie im Getreide zu finden sind, verringert. Reduziere daher zunächst die Menge an Getreide, um die Zinkaufnahme zu verbessern.

Glänzendes Fell braucht viele Nährstoffe.

Steckbrief: Biotin

Biotin ist ein wasserlösliches Vitamin aus dem B-Komplex, das grundlegend für die Gesundheit von Haut und Fell ist. Biotin ist an der Herstellung von Keratin, einem Baustein des Fells, beteiligt. Da es Bestandteil vieler Nahrungsmittel ist und dein Hund es selbst herstellen kann, ist ein Mangel eher unwahrscheinlich. Dieser ergibt sich vor allem dann, wenn starke Durchfälle die Aufnahme von Biotin über eine längere Zeit verhindern oder ein Übermaß an rohem Eiweiß gefüttert wird, welches Biotin bindet. Wenn dein Hund zu wenig Biotin zur Verfügung hat, kann das zu glanzlosem, sprödem, schuppigem oder fettigem Fell führen und zur Entstehung von Hautentzündungen beitragen.

Menge 5 mg Biotin pro 10 kg Hundegewicht – einmal am Tag als Kur über 6 bis 8 Wochen.

WEITERE NAPF-TOPPINGS, DIE HAUT UND FELL UNTERSTÜTZEN

Topping	Menge pro 10 kg Hundegewicht	Infos
Klettenwurzelpulver	2 g	unterstützt die Entgiftungsorgane, zu denen nicht nur Leber und Nieren, sondern auch die Haut gehört
Apfelessig	1 TL	zur Stoffwechselunterstützung
Borretschöl	0,2 ml	als Alternative zu Nachtkerzenöl, da ebenso hohe Gehalte an gamma-Linolensäure
Hanföl	3 ml	zur Versorgung mit Linolsäure

WIR WÜNSCHEN DIR VIEL FREUDE BEIM NAPF-PIMPEN!

Nutze aber nur das, was dein Hund gut verträgt, und hole dir Hilfe, wenn dein Hund Erkrankungen hat.

Zum Schluss

Wie du siehst: Die Welt der Napf-Toppings ist riesengroß, bunt und kann über ein ganzes Hundeleben lang immer wieder an die Bedürfnisse und Lebensphasen angepasst werden. Sicherlich haben wir dir nicht alle Napf-Toppings vorstellen können, denn es gibt Hunderte. Vor allem, wenn dein Hund Erkrankungen hat, sind konkrete Empfehlungen immer schwierig, sodass wir dir mit auf den Weg geben möchten: Mit Napf-Toppings ist sehr viel möglich – viel mehr, als du erahnen kannst.
Gib ihnen eine Chance und hole dir bei Unsicherheiten Rat bei unabhängigen ExpertInnen, wie beispielsweise HundeernährungsberaterInnen. Mit einer ausführlichen Anamnese als Basis erhältst du eine individuelle Beratung – angepasst an alle wichtigen Kriterien und Besonderheiten, die deinen Hund und dich ausmachen.
Themen wie Akzeptanz, Qualität, Verträglichkeit und Zubereitung haben wir immer wieder angesprochen, weil uns diese sehr am Herzen liegen.

An dieser Stelle möchten wir dich vor allem ermutigen: Trau dich! Kräuter zu pflücken. Im Supermarkt nach Leckereien zu suchen. In der Apotheke einen Beerensaft mitzunehmen. In der Metzgerei nach Knochen zu fragen. In deiner Region nach Biohöfen für Eier und ein Suppenhuhn zu suchen. Im Drogeriemarkt Babygläschen zu kaufen. Auf dem Wochenmarkt nach einer magengesunden Knolle Sellerie zu schauen. Trau dich, die ganze Welt der Napf-Toppings zu entdecken.
Futterergänzungen geben dir die Möglichkeit, mit kleinen Dingen Großes zu tun, dabei selbst über Qualität und Auswahl zu bestimmen und so das Beste für deinen Hund zu erreichen. Das gilt ganz unabhängig davon, welche Art der Fütterung dein Hund täglich bekommt.
Wir wünschen uns, dass du eine ähnlich große Leidenschaft für das Pimpen, Peppen und Toppen von Hundefutter entwickelst wie wir.

Christiane und Sylke

SERVICE
– WEITERE INFOS FÜR DICH

Bezugsquellen

LOSE KRÄUTER, AUCH FÜR TEEMISCHUNGEN

Meine Teemischung: **www.meine-teemischung.de**
Krauterie: **www.krauterie.de**
Kräuter Schulte: **www.shop.kraeuterschulte.de**
Vom Achterhof: **www.vom-achterhof.de**
Pahema: **www.pahema.com**

GEMMO-PRÄPARATE

Succi: **www.succi-recentis-officinalis.de**
Heidak: **www.heidak.ch**
Dr. Koll Biopharm: **www.koll-biopharm.de**

VITALPILZE

Hawlik: **www.hawlik-vitalpilze.de**
Wohlrab: **www.wohlrab-pilze.de**
Pahema: **www.pahema.com**

FUTTERERGÄNZUNGEN WIE ÖLE, GRÜNLIPPMUSCHELPULVER ETC.

Pahema: **www.pahema.com**
DHN: **www.barfshop.de**
Waldkraft: **www.waldkraft.bio**
Küstenläufer: **www.kuestenlaeufer.de**

HUMANPRÄPARATE, AUCH FÜR DEN HUND NUTZBAR

Raab Vitalfood: **www.raabvitalfood.de**
Sunday Natural: **www.sunday.de**
Naturtreu: **www.naturtreu.de**
Vitamaze: **www.vitamaze.com**
Pure Encapsulations: **www.purecaps.net**

HYDROLATE

Maienfelser Naturkosmetik: **www.maienfelser-naturkosmetik.de**
Oshadhi: **www.oshadhi.de**
Primavera: **www.primaveralife.com**
ViVere: **www.vivere-aromapflege.de**

SPROSSEN UND MICROGREENS

Sonnentor: **www.sonnentor.com/de**

DROGERIE & CO.

DM: **www.dm.de**
KoRo: **www.korodrogerie.de**

SONSTIGE

Kruut: **www.kruut.de**
Biohof Stövesandt: **www.biohof-stoevesandt.de**
Bitterliebe: **www.bitterliebe.com**

Diese Auflistung ist nicht vollständig.

SEITEN DER AUTORINNEN

www.glücksbeute.de
www.instagram.com/gluecksbeute

Empfehlenswerte Literatur und Quellen

Bühring, U.: **Lehrbuch Heilpflanzenkunde.** Haug 2024

Blascheck, W.: **Wichtl – Teedrogen und Phytopharmaka.** WVG 2016

Bolbecher, G. (Hrsg.): **Ganzheitliche Ernährung für Hund und Katze.** Thieme 2020

Brendieck-Worm, C.; Melzig, M.: **Phytotherapie in der Tiermedizin.** Thieme 2018

Fischer-Rizzi, S.: **Das große Handbuch der Pflanzenwässer.** atVERLAG 2020

Nadig, A.: **Heilpflanzen für Hunde.** Kosmos 2018

Pulfer, W.: **Mykotherapie für Tiere.** Thieme 2019

Rieger, B.: **Powerpflanzen für die innere Balance.** herbig 2020

Schmiedel, V.: **Nährstofftherapie.** Thieme 2022

Spohn, M.: **Was blüht denn da?** Kosmos 2021

Steflitsch, W. et. al. (Hrsg.): **Aromatherapie in Wissenschaft und Praxis.** Stadelmann 2021

Stern, C.: **Gemmotherapie. Grundlagen, Indikationen, Behandlung.** Haug 2018

Zentek, J. (Hrsg.): **Ernährung des Hundes.** Thieme 2022

EMPFEHLENSWERTE BESTIMMUNGS-APP

Flora Incognita

WEBINARE & ONLINEKURSE

Viele spannende Themen und AutorInnen findest du in unseren Online-Seminaren und -kursen. Ob live oder als Aufzeichnung: hier dreht sich alles um den Hund. **www.kosmos.de**

SOCIAL MEDIA

Storys, Webinar-Ankündigungen, Zitate, Buchclips, Gewinnspiele oder Insta-Lives unserer AutorInnen findest du unter **instagram.com/kosmos.hund** und **facebook.com/Kosmos.Hund**
Folge uns und werde Teil unserer Kosmos-Hund-Community.

Dank

Am Ende eines langen Schreibprozesses entsteht immer der Wunsch, sich zu bedanken und das zu recht, denn: Ein Buch zu verfassen, ist, egal wie viel Zeit man dafür einplant, immer ein Jonglieren zwischen Alltag und „ich möchte noch schnell ein Kapitel zu Ende schreiben". Letzteres führte dazu, dass wir regelmäßig zu lange vor dem PC und zu wenig mit unseren Hunden an der frischen Luft waren und das „Pimpen unserer Nahrung" vernachlässigt haben. Wir bedanken uns daher vor allem für die Geduld unserer Hunde, Partner und Mitmenschen, die uns im Alltag sicherlich vermisst haben. Ein weiteres Dankeschön für den fachlichen Austausch senden wir ins Allgäu. Und liebe Kate: Wir danken dir, dass du uns als Autorinnen ins Gespräch gebracht hast. Das größte Danke möchten wir uns selbst gegenseitig aussprechen: Danke für Toleranz, Diskussionsfreudigkeit, Wissensaustausch, Wertschätzung und Konsens.

In Freundschaft
Danke Christiane
Danke Sylke

Register

REZEPTE

BILDNACHWEIS

152 Farbfotos wurden von Anna Auerbach/KOSMOS für dieses Buch aufgenommen.
Weitere Farbfotos von AdobeStock (Carola Schubbel 1: S. 136; elenarostunova 1: S. 147; JackStock 1: S. 105 o. l., Karoline Thalhofer 1: S. 139, Mary Swift 1: S. 131; matka_Wariatka 1: S. 82; orestligetka 1: S. 53/5; tanya69 1: S. 32 u.; Volga1971 1: S. 53/8; Weyo 1: S. 105 r.), Anna Auerbach/Archiv (6: S. 30 o., 43, 64–65, 144, 184–185, 189), Christiane Beulen (9: S. 22, 34, 49, 53/6, 53/7, 73 alle 3, 85), Claudia Gaede/Thomas Ebbrecht (1: S. 145 o.), Hilke Heinemann (1: S. 153), Laura Herale/KOSMOS (3: 171, 176, 178), David Koch (1: S. 93), Sylke Kriwaczek (1: S. 132), Annika Ridder (2: S. 98, 99), Alice Rieger (2: S. 55, 90 o. l.), Heike Schmidt-Röger/KOSMOS (3: S. 32 o., 36, 123 l.), Shutterstock (Anna Gratys 2: S. 52/5, 111/3; Anna Tronova 1: S. 91; Busra Gumus 1: S. 35 u. r.; Cavan-Images 1: S. 143; Chachamp 1: S. 137 r.; Dionisvera 1: S. 35 o. l.; ElenVik 1: S. 156; Flower_Garden 1: S. 52/3; Ground Picture 1: S. 70; Ihor Hvozdetskyi 1: S. 116; Irina Mikhailichenko 1: S. 52/1; Jiri Hera 1: S. 173; JoannaTkaczuk 1: S. 105 u. l.; Kuba Kwiatkowski 1: S. 162; Lubos Chlubny 1: S. 170; Luka Hercigonja 1: S. 83 l.; M. Schuppich 1: S. 53/2; Madeleine Steinbach 3: S. 83 u. r., 113, 166; Melica 2: S. 53/1, 146 r.; miliatolojan 1: S. 35 u. l.; Moha El-Jaw 1: S. 155 u.; natalia bulatova 1: S. 35 o. r.; Nitr 1: S. 126 u. l.; Philipp Lohr 1: S. 97; Philipphoto 1: S. 167; Photo-Vista.de 1: S. 25; Regreto 1: S. 164; Smit 1: S. 87; Volodymyr Nikitenko 1: S. 137 l.; Wally Pruss 1: S. 142; Yanishevska 1: S. 42 u.; ykokamoto 1: S. 154), Jana Weichelt/KOSMOS (1: S. 112)

IMPRESSUM

Umschlaggestaltung von die basis/Jeanne van Stuyvenberg unter Verwendung von fünf Farbfotos von Anna Auerbach/KOSMOS, einem Farbfoto von Anna Auerbach (Umschlagklappe vorn), und 8 Illustrationen von Shutterstock (merus/Blaubeere, Martial Red/Glas, kowition/Hagebutte, Anna Gar/Himbeere, Everilda/Kräuter, korsaralex/Löwenzahn, Remono/Nüsse, vectortwins/Pfeile)

Mit 233 Farbfotos und 8 Illustrationen

Gedruckt auf chlorfrei gebleichtem Papier

Pfizerstraße 5–7, 70184 Stuttgart
info@kosmos.de

ISBN 978-3-440-17919-2
Redaktion: Alice Rieger
Gestaltungskonzept: GRAMISCI Editorialdesign/Cornelia Sekulin, München
Gestaltung und Satz: Atelier Krohmer, Dettingen/Erms
Produktion: Angela List
Druck und Bindung: Westermann Druck Zwickau GmbH, Zwickau
Printed in Germany / Imprimé en Allemagne

FSC
www.fsc.org
MIX
Papier | Fördert gute Waldnutzung
FSC® C110508